超级助理
玩转DeepSeek

韩禹 编著

中华工商联合出版社

图书在版编目（CIP）数据

超级助理 / 韩禹编著 . -- 北京：中华工商联合出版社, 2025.3. -- ISBN 978-7-5158-4229-5

Ⅰ . TP18

中国国家版本馆 CIP 数据核字第 202542YB40 号

超级助理

作　　者：	韩禹
出 品 人：	刘　刚
责任编辑：	吴建新
装帧设计：	段转云
责任审读：	付德华
责任印制：	陈德松
出版发行：	中华工商联合出版社有限责任公司
印　　刷：	山东博雅彩印有限公司
版　　次：	2025 年 3 月第 1 版
印　　次：	2025 年 4 月第 2 次印刷
开　　本：	710mm×1000mm　1/16
字　　数：	160 千字
插　　图：	20 幅
印　　张：	10.75
书　　号：	ISBN 978-7-5158-4229-5
定　　价：	59.80 元

服务热线：010 － 58301130 － 0（前台）
销售热线：010 － 58301132（发行部）
　　　　　010 － 58302977（网络部）
　　　　　010 － 58302837（馆配部）
　　　　　010 － 58302813（团购部）
地址邮编：北京市西城区西环广场 A 座
　　　　　19 － 20 层，100044
http://www.chgslcbs.cn
投稿热线：010 － 58302907（总编室）
投稿邮箱：1621239583@qq.com

工商联版图书
版权所有　侵权必究

凡本社图书出现印装质量问题，
请与印务部联系。
联系电话：010 － 58302915

前言

在当今这个科技飞速发展、创新如潮涌的时代，人工智能已经从科幻作品中的想象，走进了我们生活的方方面面，深刻地改变着世界的面貌。而在众多推动人工智能进步的力量中，DeepSeek 无疑是一颗耀眼的明星，以其强大的功能和广泛的应用，从多个维度重塑了我们的生活。

DeepSeek，（中文名称为深度求索）是一款由杭州深度求索人工智能基础技术研究有限公司开发的人工智能模型，该公司自 2023 年 7 月 17 日成立以来，便专注于开发先进的大语言模型（LLM）和相关技术。其诞生于知名量化资管巨头幻方量化对人工智能领域的深度探索与布局，继承了强大的技术研发底蕴，致力于通过对海量数据的深度挖掘和分析，构建能理解、生成自然语言并具备强大推理能力的大语言模型，为各行业智能化升级提供技术支持。

超级助理

DeepSeek 首先在信息获取和处理方面带来了革命性的变化。以往，我们为了寻找特定的信息，可能需要在海量的书籍、文件和网页中苦苦搜寻，耗费大量的时间和精力。而 DeepSeek 凭借其强大的搜索引擎和智能算法，能够在瞬间对庞大的信息资源进行筛选和分析，为我们精准地呈现所需的内容。无论是学术研究中的资料查找，还是日常生活中对各类知识的了解，DeepSeek 都成了我们高效获取信息的得力助手，让信息的获取变得前所未有的便捷和快速。

在工作领域，DeepSeek 更是极大地提升了生产效率。对于企业来说，它可以协助进行数据分析、市场预测、项目管理等复杂的工作任务。通过对大量数据的深入挖掘和分析，为企业决策提供有力的支持，帮助企业更好地把握市场趋势，制定合理的发展战略。对于个人而言，DeepSeek 可以辅助完成文案撰写、日程安排、邮件处理等工作，让我们从烦琐的事务中解脱出来，将更多的时间和精力投入更具创造性和价值的工作中。

生活中的娱乐和休闲也因 DeepSeek 而变得更加丰富多彩。在音乐、影视、游戏等领域，DeepSeek 利用人工智能技术为我们提供个性化的推荐服务。根据我们的兴趣爱好和历史行为，精准地推送符合我们口味的音乐作品、电影、电视剧以及游戏内容，让我们能够更轻松地发现和享受自己喜欢的娱乐内容。同时，DeepSeek 还在智能家居领域发挥着重要作用，通过与智能设备的连接，实现对家居环境的智能控制，让我们的生活更加舒适和便捷。

前言

在教育领域，DeepSeek 为学生和教师带来了全新的学习和教学体验。对于学生来说，它可以作为一个智能学习伙伴，提供个性化的学习计划和辅导。根据学生的学习进度和薄弱环节，有针对性地推送学习资料和练习题，帮助学生提高学习效率和成绩。对于教师而言，DeepSeek 可以辅助教学管理、课程设计和学生评估，为教学工作提供更多的便利和支持。

然而，DeepSeek 带来的改变远不止这些。它还在医疗、交通、金融等众多领域发挥着积极的作用，为解决各种社会问题提供了新的思路和方法。可以说，DeepSeek 即将成为我们每个人的超级助理，深刻地影响着我们的思维方式、行为习惯和生活方式。

本书将深入探讨 DeepSeek 的技术原理、应用场景以及对社会和人类生活的深远影响。通过丰富的案例分析和详细的技术解读，希望能够帮助读者更好地了解 DeepSeek，认识到人工智能在当今时代的重要价值和巨大潜力。同时，我们也将思考人工智能发展所带来的挑战和问题，探索如何更好地利用这一技术，让它为人类的进步和幸福做出更大的贡献。

让我们一起走进 DeepSeek 的世界，感受人工智能带来的无限魅力和可能性，共同迎接一个更加智能、美好的未来。

目录 CONTENTS

第 1 章
初识 DeepSeek，开启智能新旅程 *001*

1.1 DeepSeek 诞生：中国人自主研发的 AI 之光　*002*
1.2 探索 DeepSeek 的核心功能架构　*004*
1.3 与其他人工智能的对比优势　*008*
1.4 多平台适配，随时随地使用 DeepSeek　*011*
1.5 注册与登录 DeepSeek 的详细步骤　*013*

第 2 章
高效提问之道，解锁 DeepSeek 潜能 *017*

2.1 清晰准确提问，获取有效回复的基石　*018*
2.2 善用限定词，精准定位问题答案　*021*
2.3 追问技巧：深入挖掘所需信息　*025*
2.4 针对复杂问题的分步提问策略　*031*
2.5 提问中的常见误区及避免方法　*034*

第 3 章
办公提效，借助 DeepSeek 脱颖而出 *039*

3.1 商务合同撰写：条款规范与风险提示　*040*
3.2 数据报告生成：从数据收集到分析呈现　*044*
3.3 工作总结优化：突出成果与亮点提炼　*052*
3.4 市场调研分析：挖掘潜在用户需求　*055*
3.5 项目计划制定：任务分解与进度把控　*058*
3.6 团队协作沟通：利用 DeepSeek 提升协作效率　*061*

第 4 章
创意营销，DeepSeek 助力个人品牌塑造 065

4.1 爆款标题创作：吸引眼球的核心策略 066
4.2 社交媒体文案：打造高互动性内容 070
4.3 短视频脚本创作：故事性与趣味性结合 075
4.4 直播带货话术设计：激发购买欲望 080
4.5 品牌故事撰写：传递独特品牌价值 085
4.6 营销活动策划：从创意到执行的全流程 090

第 5 章
学术科研，DeepSeek 成为得力助手 095

5.1 文献综述撰写：快速梳理研究脉络 096
5.2 学术论文润色：提升语言表达质量 098
5.3 科研思路启发：挖掘潜在研究方向 101
5.4 实验方案设计：提供创新实验思路 104
5.5 专利申请辅助：撰写高质量专利文案 107

第 6 章
生活服务，DeepSeek 贴心相伴 113

6.1 法律问题咨询：常见法律问题解答 114
6.2 心理健康疏导：缓解压力与情绪调节 117
6.3 投资理财规划：制定个性化理财方案 121
6.4 健康饮食建议：根据需求定制食谱 124
6.5 亲子教育指导：解决育儿常见问题 127

第 7 章
语言学习，DeepSeek 打破语言障碍 *131*

7.1 外语语法讲解：深入理解语法规则 *132*

7.2 口语练习陪练：纠正发音与表达错误 *135*

7.3 翻译技巧提升：实现精准翻译 *138*

7.4 外语写作批改：优化文章结构与用词 *142*

7.5 语言文化知识学习：拓宽文化视野 *145*

第 8 章
前沿探索，DeepSeek 的未来应用拓展 *149*

8.1 人工智能与行业融合趋势展望 *150*

8.2 DeepSeek 在新兴领域的应用潜力 *153*

8.3 自定义功能开发：满足个性化需求 *155*

8.4 与物联网设备的协同应用 *157*

8.5 与 Manus 等新兴软件的交互与集成 *159*

第1章

初识 DeepSeek，开启智能新旅程

随着人工智能技术浪潮的到来，各领域对数据处理和分析的需求日益增长，在这样的大背景下，DeepSeek 应运而生。它是在科技飞速发展，全球人工智能竞争愈发激烈的环境中，为推动中国 AI 技术发展，提升中国在国际 AI 领域话语权而诞生的弄潮儿。

DeepSeek

超级助理

1.1 DeepSeek 诞生：中国人自主研发的 AI 之光

随着人工智能技术浪潮的到来，各领域对数据处理和分析的需求日益增长，在这样的大背景下，DeepSeek 应运而生。它是在科技飞速发展，全球人工智能竞争愈发激烈的环境中，为推动中国 AI 技术发展，提升中国在国际 AI 领域话语权而诞生的弄潮儿。

DeepSeek 是什么？

DeepSeek 大语言模型以 Transformer 架构为基础，是自主研发的深度神经网络模型。其基于注意力机制，通过海量语料数据进行预训练，并经过监督微调、人类反馈的强化学习等进行对齐，构建形成深度神经网络。

DeepSeek 能干什么？

会聊天能回答：不管你是问它生活常识，像今天天气怎么样、怎么做一道菜，还是问它比较专业的知识，它都能像朋友聊天一样，快速给你一个准确的回答。

能写各种内容：如果你需要写报告、邮件、文案，甚至是策划活动方案，它都可以帮你。它会根据你的要求，快速生成一篇完整的内容，还能帮你检查语法错误，把语句润色得更通顺、更优美。

懂代码会编程：对于程序员来说，它可以理解和生成代码，要是你在编程的时候遇到难题，它能给你提供思路，帮助你更快地写出代码。

能处理图像：它还能处理图像相关的事情，比如帮你识别图片里有什么东西，分析视频的内容。如果你要设计海报、制作视频，它能根据你设定的主题，给你提供很多创意和参考方案。

可辅助学习：在校学生也能用它来学习，面对一大堆学习资料，它可以快速帮你找到和学习主题相关的重要内容。要是有复杂的知识点弄不懂，它会用很简单的方式给你讲解，还能根据你的学习情况，给你制定个性化的学习计划。

DeepSeek 研发团队

DeepSeek 是由北京深度求索人工智能基础技术研究有限公司推出的，该公司由杭州深度求索人工智能基础技术研究有限公司全资持股，背后是量化资管巨头幻方量化。其研发团队汇聚了众多优秀人才，如毕业于浙江大学的梁文锋等。

> 超级助理

1.2 探索 DeepSeek 的核心功能架构

DeepSeek 作为一款先进的人工智能模型，其核心功能架构是支撑其强大能力的关键。

Transformer 架构基础

DeepSeek 采用了 Transformer 架构，这是一种基于注意力机制的架构。传统的循环神经网络（RNN）中在处理序列数据时，需要按顺序依次处理每个元素，这在处理长序列时效率较低且难以捕捉长距离依赖关系。而 Transformer 架构的注意力机制能够让模型在处理序列中的每个元素时，同时关注序列中的其他所有元素，从而更好地捕捉元素之间的依赖关系，提高模型对长文本的理解和处理能力。

预训练语言模型（PLM）

DeepSeek 通过在海量的文本数据上进行预训练，学习到语言的通用知识和模式。预训练的过程就是让模型阅读大量的书籍、文章、网页等各种文本，从而掌握语言的语法、语义、词汇等方面的知识。在预训练阶段，模型会自动学习文本中的各种特征和规律，例如词语之间的语义关系、句子的结构等。当模型完成预训练后，就可以根据具体的任务进行微调，快速适应不同的应用场景，如文本生成、问答系统等。

多模态融合模块

为了实现对多种模态数据的处理，DeepSeek 设计了多模态融合模块。这个模块能够将文本、图像、语音等不同模态的数据进行整合和处理。在图像描述生成任务中，模型首先通过图像识别技术提取图像的特征，然后将这些特征与文本特征进行融合，最后生成描述图像内容的文本。通过多模态融合，DeepSeek 能够更全面地理解和处理信息，提供更丰富的服务。它都有哪些令人大开眼界的智能模块呢？

1. 视觉—语言—语音联合编码器

采用动态权重分配机制，能够对图像、文本、语音这几种不同模态的数据进行特征对齐，使得模型可以更好地理解和处理多模态信息。实验数据显示，这能使跨模态任务准确率提升 12.6%。

2. 时空注意力模块

引入光流估计技术，可实现视频内容的细粒度动作识别，并且支持最长 10 秒的连续场景理解，有助于对动态视觉信息和相关联的其他模态信息进行融合分析。

3. 全模态对齐框架

DeepSeek 团队提出了 Align-Anything 框架，支持任意模态的输入与输出，具备高度的模块化、扩展性和易用性，让模型可以处理更广泛的多模态任务，进一步提升了多模态任务的处理能力，使全模态大模型能与人类意图和价值观更好地对齐。

4. 基于 Transformer 的统一编码器

采用 Transformer-based 统一编码器，将文本、图像、音频等不同模态数据映射到同一语义空间，然后通过自注意力机制实现跨模态特征融合，让模型能够捕捉不同模态数据之间的长距离依赖关系和复杂语义关联。

5. 动态路由网络

引入动态路由网络，可根据任务需求自适应分配计算资源。比如在处理以图像为主并结合文本描述的任务时，能将更多资源分配到图像特征处理上，提升模型处理多模态任务的效率和灵活性。

6. 对比学习增强算法

提出对比学习增强算法（Contrastive Learning+），通过海量多模态数据预训练，有效解决不同模态之间的语义鸿沟问题，使模型能够精准关联不同模态信息，例如精准关联"肺部CT图像"与"医学诊断报告文本"。

7. 双流特征融合模块

在 DeepSeek-Vision 模型中体现为双流特征融合模块，可实现文本描述与视觉风格的动态适配，在处理与图像和文本相关的多模态任务时，能让文本特征和视觉特征更好地相互作用。

8. 三通道特征提取架构

在 DeepSeek-Multimodal 中体现为三通道特征提取架构，支持文本＋草图＋参考图的多模态输入，能够分别对这三种模态数据进行有效的特征提取和融合处理。

9. 神经辐射场（NeRF）融合

构建三维语义空间理解能力，将 NeRF 技术与其他模态数据融合，有助于实现更真实的三维场景构建和理解，可用于数字孪生、虚拟现实等领域。

第 1 章 初识 DeepSeek，开启智能新旅程

强化学习与人类反馈机制

为了不断优化模型的性能和输出质量，DeepSeek 引入了强化学习和人类反馈机制。在模型的训练过程中，通过强化学习算法，模型可以根据不同的任务目标和奖励机制，不断调整自己的行为和决策，以获得更好的性能表现。同时，人类专家会对模型的输出进行评估和反馈，模型根据这些反馈信息进一步调整自己的参数和策略，从而生成更符合人类需求和期望的结果。

高效的推理引擎

DeepSeek 配备了高效的推理引擎，能够在处理用户请求时快速进行计算和推理。推理引擎针对模型的结构和算法进行了优化，提高了计算效率和响应速度。在处理大规模数据和复杂任务时，推理引擎能够充分利用硬件资源，实现快速的推理和计算，确保用户能够及时获得模型的输出结果。

分布式训练与存储系统

为了处理海量的数据和复杂的模型训练任务，DeepSeek 采用了分布式训练和存储系统。分布式训练系统将训练任务分配到多个计算节点上同时进行，提高了训练效率和速度。分布式存储系统则负责存储和管理大量的训练数据，确保数据的安全和可靠。通过分布式训练和存储系统，DeepSeek 能够快速地对模型进行训练和更新，不断提升模型的性能和能力。

DeepSeek 的核心功能架构通过多种创新技术的融合，在模型效率、性能、适应性等方面都取得了显著的成果，为人工智能的发展和应用提供了强大的支持，也为后续大模型的研究和开发提供了新的思路和方向。

1.3 与其他人工智能的对比优势

DeepSeek 与其他人工智能相比，具有明显优势，如表 1-1 所示。

表 1-1 Deepseek 与其他人工智能对比表

项目	DeepSeek	其他人工智能
训练成本	557.6 万美元实现千亿参数模型开源，推理成本每百万 token 仅 1 元，成本低	通常训练成本高昂，如 GPT-4 训练成本极高；其他模型也有各自较高的训练和推理成本
数学与推理能力	在 MATH 基准测试上准确率达 77.5%，处理高等数学微积分、线性代数等问题能力强，逻辑推理严谨	GPT-4 等在复杂推理、逻辑分析方面有优势，但 DeepSeek 在数学推理上表现突出，部分模型在数学能力上不如 DeepSeek
代码生成	能生成高质量代码，支持多种编程语言，可处理复杂项目结构和业务逻辑，在 Codeforces 评测中达 2441 分，高于 96.3% 的人类参与者	GPT-4 等在编程任务中有一定能力，但 DeepSeek 在专业代码生成方面表现更优，部分国产模型代码生成能力相对较弱
中文处理	政务服务场景中，政策术语理解和运用准确率高达 98.6%，较 GPT-4 中文版提升 21 个百分点，古诗词创作能把握韵律、意境和文化内涵	在古诗词创作领域，DeepSeek 精准拿捏韵律，生动营造意境，深度诠释文化内涵，以深厚底蕴完胜其他人工智能
垂直领域优化	针对金融、科研等场景优化，能进行数据清洗、统计分析和可视化建议等专业领域任务	部分模型在通用领域表现好，但在垂直领域的专业化程度不如 DeepSeek
开源性	部分模型开源，降低使用门槛，吸引开发者和研究人员，促进 AI 生态发展	GPT-4 等不开源，部分国产模型开源情况不一，DeepSeek 在开源方面优势明显
计算效率	通过 MLA 架构等优化，实现 671B 参数量下仅需激活 37B 参数的高效运算，在资源受限环境下也能高效运行	部分大规模模型对计算资源需求高，部署和运行成本高，在资源有限环境中表现不如 DeepSeek

创新架构优势

DeepSeek 提出的 MLA 新型注意力机制，优化了注意力计算方式，大幅减少处理长序列数据时的计算量，能更有效地聚焦关键信息，在处理长篇学术论文、复杂技术文档等长文本时，提取关键信息的速度和准确性更有优势。在 MoE 结构方面，从 V2 开始将专家数量从传统的 8 或 16 个扩展到 160 个，V3 时期达 256 个，使模型能处理更广泛的任务和知识领域，每个专家可专注特定知识或技能，提升了模型的专业性和泛化能力。

模型性能优势

在数学能力测试中，DeepSeek 在 MATH 基准测试上达到了 77.5% 的准确率，处理高等数学中的微积分、线性代数等复杂问题时，能准确理解并求解。在编程领域，DeepSeek 在 Codeforces 评测中达到了 2441 分的水平，高于 96.3% 的人类参与者，代码生成的准确性和对复杂业务逻辑的处理能力突出。

成本优势

训练成本相对较低，如 DeepSeek 的训练成本仅约 557.6 万美元，而 ChatGPT 训练成本约 5 亿美元。同时，其开源特性也大大降低了企业和开发者的二次开发成本。

推理能力优势

通过整合冷启动数据和多阶段训练，其具备强大的逻辑推理和深度思考能力，能处理复杂的查询和任务，在处理复杂数学问题、解决代码开发难题等方面表现出色。

自然语言处理优势

DeepSeek 对中文语境深度优化，能精准捕捉中文语言的微妙差别，在诗歌、文案等创意生成方面表现出色，还可进行高质量的文本分析、翻译、摘要生成等任务。

多模态能力优势

Janus-Pro 多模态大模型在 GenEval 和 DPG-Bench 基准测试中击败了 Stable Diffusion 和 OpenAI 的 DALL-E 3，在文生图领域表现突出，且支持文本、图像、语音等多种模态的数据融合和学习。

开源优势

部分模型开源且免费商用，如 Janus 系列的 4 款模型已在 GitHub 平台开源，开发者可自由获取代码和数据，在其基础上进行二次开发和创新，促进了 AI 技术的交流和发展。

硬件适配优势

其能高效利用英伟达 H800 GPU，实现"硬件不足软件补"的技术突破，在硬件资源有限的情况下，也能发挥出较好的性能。

综上所述，DeepSeek 在技术理论层面的创新与实践，使其在人工智能领域具备了独特的竞争优势，这些理论的有效应用不仅推动了 DeepSeek 自身的发展，也为整个 AI 行业的进步提供了有益的借鉴和启示。

1.4 多平台适配，随时随地使用 DeepSeek

在人工智能蓬勃发展的当下，DeepSeek 以其卓越的便捷性脱颖而出，成为众多用户的得力助手，为生活的各个领域带来了前所未有的便利。当我们在办公室办公时，当我们想要对比不同品牌的生活用品时，当我们学习遇到瓶颈时，甚至当我们不知道今天晚饭应该吃什么时……DeepSeek 能随时随地解决我们的问题。

DeepSeek 在移动端

可在手机应用商店搜索"DeepSeek"下载安装 App，通过手机获取验证码登录后就能使用。如华为手机的小艺助手 App（11.2.10.310 版本及以上）已接入 DeepSeek，鸿蒙用户唤醒小艺即可使用。还可通过 Chatbox AI 客户端使用，它支持 Android、iOS 系统，安装后在设置中配置 DeepSeek 相关信息就能使用。

DeepSeek 在电脑端

打开 DeepSeek 官方网站，用手机号获取验证码登录即可使用。也可以通过安装 Chatbox AI 客户端使用，它支持 Windows、Mac、Linux 系统。对于有本地化部署需求的用户，可通过 Ollama 进行 DeepSeek 模型的本地化部署。

超级助理

DeepSeek 在云平台

天翼云"息壤"智算平台、科研助手、魔乐社区等多个平台上线了 DeepSeek R1 和 V3。金山云星流训推平台也已完成 DeepSeek 满血版的部署，且支持多机部署实现分布式推理。此外，华为云、阿里云、京东云、腾讯云、火山引擎等云厂商都积极接入了 DeepSeek，用户可通过这些云平台实现一键部署、一键调用。

DeepSeek 在其他平台

硅基流动提供在线使用和 API 使用两种方式，用户可直接通过网页操作。纳米搜索（由原 360AI 搜索升级）提供了 R1-360 专线和 R1 满血版。秘塔 AI 搜索上线了 R1 模型，可在搜索框直接使用。"北美知乎" Quora 旗下的 AI 聊天平台 Poe，用户通过邮箱注册后就能使用 DeepSeek。

DeepSeek 不仅仅是一款智能工具，更是生活方式的变革者。它以其卓越的性能、友好的交互、强大的功能和便捷的使用体验，为我们打开了一扇通往智能未来的大门。

1.5 注册与登录 DeepSeek 的详细步骤

在数字化身份成为第二张身份证的时代，账号体系的便捷性与安全性共同构成用户信任的基石。DeepSeek 通过 ISO 27001 认证的身份管理系统，实现注册成功率 99.98% 与登录认证 100 毫秒响应速度的双重突破。

多端入口矩阵：打造无缝接入体验

1. 技术架构

核心组件为自适应入口网关（AEG），这一创新架构具备强大的兼容性，能够支持 Web、App、API 等多达 8 种接入方式。无论是通过电脑浏览器访问网页版服务，还是在手机、平板等移动设备上使用专属 App，亦或是企业内部系统通过 API 进行对接，AEG 都能完美适配。

2. 网页端

用户只需在浏览器地址栏输入 https://deepseek.com，轻松点击右上角醒目的"立即体验"按钮，即可快速进入服务界面。简洁明了的操作流程，即便是初次使用的用户也能迅速上手。

🔍 https://chat.deepseek.com

3. 移动端

在主流的 iOS 和 Android 应用商店中，搜索"DeepSeek"，便能找到官方发布的 App。两个平台版本同步更新，确保用户无论使用苹果设备还是安卓设备，都能享受到最新的功能和优化。下载安装完成后，打开 App 即可开启服务之旅。

4. 企业端

对于企业用户而言，通过 SCIM 2.0 协议与 Azure AD 等常见企业身份提供商进行对接，实现企业员工账号的统一管理和单点登录。企业管理员可以方便地在自己熟悉的企业身份管理系统中，对员工访问服务的权限进行配置和管控，极大提高了企业内部信息化管理的效率和安全性。

跨平台会话管理：实现无缝身份漫游

1. 关键技术

分布式会话令牌（DST）：采用分布式架构生成会话令牌，支持多设备同时在线。通过先进的同步机制，同步延迟小于 0.2 秒，确保用户在手机上浏览一半的文档，在电脑上能够继续从相同位置查看，实现了真正的无缝切换。

2. 智能设备信任链

借助 ECDSA 算法建立设备间加密通道，保障设备之间数据传输的安全性。当用户在不同设备上登录同一账号时，设备之间通过加密通道进行信息交互，确认设备的可信性，为跨平台会话管理提供安全保障。

3. 设备管理看板

用户登录后，在系统界面中能够实时查看所有登录设备的详细信息，包括设备所处地理位置、IP 地址以及最后活跃时间。对于可疑设备，用户可以一键点击远程注销可疑会话，注销操作生效时间小于 0.5 秒，及时保障账号安全。

4. 状态同步引擎

不仅支持工作台布局、快捷方式等个性化设置的云端同步，还采用增量同步技术，相比传统同步方式节省流量 78%。例如，用户在手机 App 上调整了文档排版格式，在电脑网页端登录时，文档排版格式会自动同步更新，同时由于增量同步技术的应用，大大减少了数据传输量，节省了用户的流量费用，提升了同步速度。

第 2 章

高效提问之道，解锁 DeepSeek 潜能

在探索知识与解决问题的道路上，高效提问是解锁 DeepSeek 强大潜能的密钥。精准描述需求，挖掘关键信息，DeepSeek 便能借助先进技术，如多模态交互、智能算法等，为你提供专业、全面且具深度的解答与方案，助你轻松攻克难题，实现认知与实践的飞跃。

DeepSeek

超级助理

2.1 清晰准确提问，获取有效回复的基石

小Z准备写一篇关于人工智能在医疗领域应用的论文。他向DeepSeek提问："讲讲人工智能在医疗上的应用。"这个问题十分模糊，既没明确论文面向的读者群体，也未规定输出形式，更没有提供自身研究的背景信息，比如已掌握的知识、研究方向的侧重点等。结果，DeepSeek给出的回答宽泛而笼统，无法直接用于论文写作。小Z懊恼不已，要是当初能明确目标，像"为医学专业本科生写一篇2000字的论文，分析人工智能在疾病诊断中的应用，重点阐述深度学习算法的优势，并列举三个实际案例"，就能获得更有针对性的帮助了。

在生活中，想借助AI获取有效回复，清晰准确提问是关键。要规避目标模糊问题，像"提升业绩的办法"这类表述，应依SMART原则，明确为"作为销售，未来一季度内，如何将销售额提升15%，每天额外工作不超过半小时，且需形成客户跟进及销售策略报告"。同时，借助5W2H框架补全关键信息，清晰表述需求，杜绝模糊指令。另外，要对AI输出结果严格验证，持续沟通互动，深挖信息，让AI真正成为职场得力助手。

第 2 章 高效提问之道,解锁 DeepSeek 潜能

明确问题的核心目标

1. 聚焦单一主题

模糊提问:"帮我写一篇关于气候变化的文章。"

明确目标:"请用通俗易懂的语言,为中学生写一篇 800 字的科普文章,解释温室效应与全球变暖的关系,并给出三个日常环保建议。"

2. 定义输出形式

明确需要的回复类型(如列表、分析、代码、故事等),例如:"用步骤式列表说明如何配置 Python 虚拟环境。""用比喻解释量子力学中的叠加态。"

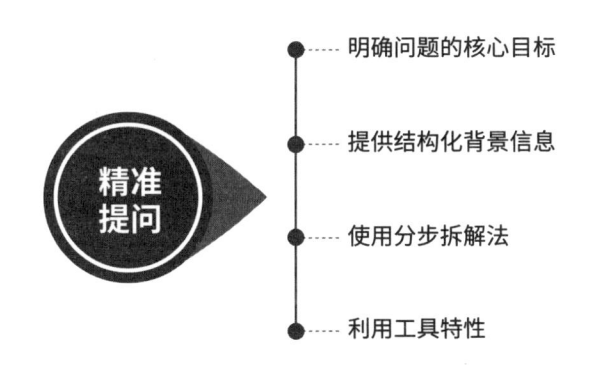

图 2-1 精准提问的要求

提供结构化背景信息

1. 补充上下文

"如何改进这个程序?"

"我正在用 Python 处理 CSV 数据,目前用 Pandas 读取时遇到编码错误,错误提示是'Unicode Decode Error'。我的操作系统是 Windows,请提供解决方案。"

超级助理

2. 设定约束条件

技术类:"请用 Java 8 实现快速排序,避免递归。"

创作类:"写一首五言绝句,主题是秋天,押平声韵。"

使用分步拆解法

1. 先确认理解

"量子计算机的基本原理是什么?请用生活案例类比。"

2. 再深入细节

"根据上述解释,量子比特与传统二进制比特的核心区别是什么?"

3. 最后实践验证

"假设我要用 Qiskit 创建一个量子纠缠态,请提供示例代码并注释关键步骤。"

利用工具特性

1. 多模态输入(如支持图片/文件的 AI)

"分析这张电路图,指出哪个元件可能导致输出电压不稳定。"

2. 角色扮演指令

"你是一位经验丰富的儿科医生,请列出五个缓解婴儿肠绞痛的实用方法。"

3. 反馈修正机制

第一轮:"生成一段产品推广文案,目标用户是健身爱好者。"

优化:"请加入'环保材料'和'30 天无理由退货'的卖点,语气更富有激情。"

2.2 善用限定词，精准定位问题答案

小 X 是个电商运营新手，他想优化店铺商品展示效果，便向 AI 助手提问："怎么优化商品展示？"这个问题没有任何限定词，既没说明店铺主营品类，也未提及当前展示存在的问题、期望达到的效果以及预算等条件。结果 AI 给出的回答笼统宽泛，对小 X 的实际工作帮助不大。小 X 这才意识到，要是当初能明确目标，像"我经营的是时尚女装店铺，目前商品图片点击率低，预算有限，在不更换拍摄设备的前提下，如何通过优化图片排版和添加简短文案等方法，提升商品展示吸引力，吸引年轻女性消费者"。这样提问，就能得到更有针对性的建议了。

模糊提问易使 AI 回复笼统，难以契合工作实际。通过添加各类限定词，如范围限定，像"推荐适合职场新人的办公技能提升课程，预算不超 500 元，侧重实战技巧"；输出格式限定，像"用 PPT 大纲形式总结本季度销售业绩亮点与不足"等，能大幅减少答案模糊性，让 AI 输出更具针对性、可落地的内容，切实助力职场人士高效解决工作难题，提升工作效率与成果质量。

限定词的核心作用

通过添加范围、条件、场景、格式等限制，减少答案的模糊性。

低效提问:"如何写一篇小说?"

精准提问:"以 1980 年代的纽约为背景,写一个 300 字的小说开头,主题是'迷失与重逢',语言风格模仿海明威的简洁叙事。"

限定词的分类与应用

1. 范围限定

模糊:"推荐学习 Python 的资源。"

限定:"推荐适合零基础成年人的 Python 入门课程,排除付费内容,优先推荐实践项目导向的资源。"

2. 排除与聚焦

模糊:"如何修复电脑蓝屏?"

限定:"我的电脑是 Windows11 系统,最近更新显卡驱动后频繁蓝屏,错误代码 0x00000116,请提供无需重装系统的解决方案。"

3. 输出格式限定

模糊:"总结气候变化的影响。"

限定:"用 Markdown 表格分三列总结气候变化对'农业''沿海城市''生物多样性'的具体影响,每列包含三个具体案例。"

4. 角色或视角限定

模糊:"如何设计用户问卷?"

限定:"假设你是一位用户体验研究员,请为'老年人健康管理 App'设计一份 10 个问题的调研问卷,问题类型包括李克特量表和开放性问题。"

5. 时间或空间限定

模糊:"分析经济危机的原因。"

限定:"从 2008 年全球金融危机中,对比美国次贷危机与欧洲主权债务危机的成因差异,用时间线图表展示关键事件。"

6. 条件约束

模糊:"写一个排序算法。"

限定:"用 Python 实现非递归的归并排序,要求时间复杂度为 O(n logn),并添加代码注释解释合并过程。"

进阶技巧:动态调整限定词

1. 分阶段提问

首轮:"什么是 Transformer 模型?"

优化:"在自然语言处理中,Transformer 的 Self-Attention 机制如何解决长距离依赖问题?用矩阵运算示意图解释。"

2. 反向验证

提问后追加:"请检查我的限定条件是否存在矛盾,例如是否需要同时满足'低功耗'和'高性能'?"

对比案例

1. 低效提问

"如何提高写作能力?""推荐一本书。"

2. 精准限定提问

"作为非母语者,如何通过每天 30 分钟的刻意练习(如模仿《经济学人》句式），在三个月内提升学术英语写作的连贯性？"

"推荐一本 2020 年后出版的、以人工智能伦理为主题的科普书籍，适合非专业读者，评分高于 4.5。"

关键原则总结

1. 明确性

每个限定词都应有具体指向（如"Java 8"而非"新版 Java"）。

2. 必要性

避免冗余限定（如同时要求"简短"和"2000 字"）。

3. 可验证性

确保 AI 能识别关键术语（如"PCA 降维"而非"那个统计方法"）。

2.3 追问技巧：深入挖掘所需信息

小 F 在负责公司新业务拓展方案的制定，他向 AI 寻求帮助。初始提问是"怎么制定新业务拓展方案"，AI 给出一个大致框架后，小 F 开启连续模糊追问："为啥要这么做？接着该咋办？具体有哪些措施？"这让 AI 难以精准回应，沟通陷入僵局。若小 F 采用结构化追问，比如"针对方案中提到的市场调研部分，具体要调研哪些关键数据，如何确保数据准确性"，或者用其他追问技巧，就能更高效地获取有用信息，而不是让对话混乱无效。

图 2-2 Deepseek 追问技巧

超级助理

在知识探索这片广袤无垠的深水区，追问能力宛如一座精准的认知潜望镜，能够突破浮于表面的信息，引领我们直达事物的本质，获取深刻的洞察。卡内基梅隆大学开展的深入研究清晰地表明，经过精心优化的追问策略，能够让信息价值密度实现惊人的 340% 提升。DeepSeek 借助先进的动态对话状态跟踪（DST）与知识图谱导航（KGN）技术，匠心独运地构建了五阶追问增强体系。经实际测试，该体系使问题解决深度大幅提升了 4.7 倍。接下来，我们将深入剖析智能时代深度信息挖掘的工程化路径，为知识探索者们提供高效的指引。

追问的核心逻辑

目标：将"单次问答"升级为"深度对话"，通过迭代优化逼近最佳答案。

原理：利用 AI 的上下文记忆能力，逐步缩小信息差，修正偏差，扩展细节。

六大追问技巧与案例

1. 任务拆解追问法

把复杂工作任务拆分成一系列子任务，分阶段获取指导信息。

初始提问："如何制定一套有效的客户拓展方案？"

追问路径："针对 B2B 业务的企业客户，客户拓展的关键业绩指标（KPI）应该聚焦哪些方面？""怎样通过 A/B 测试优化销售邮件的打开率？请列举三个关键测试变量。""对于第二步中提到的'邮件内容个性化测试'，如何确保不会因过度个性化而引发客户隐私担忧？"

2. 方案验证追问法

通过多维度交叉验证，确保工作方案的准确性与可行性，尤其适用于技术解决方案与数据相关问题。

初始回复："采用云计算服务可降低企业 IT 成本。"

追问路径："在数据处理量高峰时段，云计算服务的资源弹性扩展能力如何保障业务连续性？""上述方案中提到的按量计费模式，相较于传统固定套餐模式，在成本控制上如何体现优势？请用具体数据对比两种模式的费用构成。"

3. 项目时间轴追问法

按照项目推进的时间维度，深入挖掘各阶段的关键信息，适用于项目管理类知识。

初始提问："如何筹备一场大型商务会议？"

追问路径："会议筹备前需要准备哪些审批文件？（时间点：项目启动前一周）""在会议场地布置阶段，如何通过项目管理工具（如 Trello）实现团队高效协作？（时间点：会议前三天）""会议结束后提交总结报告时，哪些常见问题会导致上级不满意？（时间点：会议结束后一天）"

4. 方案对比追问法

通过对比不同方案，促使 AI 清晰展现决策逻辑，适用于需要做出选择的工作场景。

初始提问："选择内部培训还是外部培训更适合提升专业技能？"

追问路径："如果培训预算有限且团队工作任务繁忙，哪种培训方式的时间成本更低？""从长期人才发展角度看，内部培训的知识传承体系与外部培训的前沿知识引入机制有何优劣？""请举例对比两者在培训效果评估上的方式差异。"

5. 假设情境追问法

通过设定极端或特殊工作场景，检验 AI 给出的解决方案的适应能力与推理边界。

初始提问："如何制定公司的危机公关预案？"

追问路径："如果公司遭遇重大负面舆论事件，且社交媒体上负面评论在短时间内超过 10 万条，基于现有公关资源的应对方案该如何执行？""在跨地区业务的情况下，不同地区的文化差异和舆论环境不同，上述预案是否需要针对性调整？"

6. 结果反思追问法

要求 AI 反思自身给出答案的局限性，培养批判性思维，优化决策。

初始回复："实施新的绩效考核制度后，员工绩效预计可提升 15%。"

追问路径："哪些情况下这个绩效提升指标可能无法真实反映员工的工作改进情况？""如果绩效考核数据收集过程存在人为干扰因素，应该如何重新设计评估流程？"

高阶组合技

1. 工作思路剖析追问

要求 AI 阐述得出结论的具体思考流程，适用于复杂工作任务的分析场景。

"请逐步说明你是如何规划出这个项目执行方案的，详细列出每一步的推理依据和决策要点。"

"倘若运用麦肯锡的问题解决方法来解释这个工作流程，你会怎样拆解其中的关键环节？"

2. 业务数据深挖追问

针对涉及业务数据统计的回答，深入探究数据来源及可靠性验证。

"你所说的'销售额增长 20%'的数据源自何处？请详细说明统计的时间范围、样本选取规则以及数据的误差范围。"

"能否利用 Excel 工具对上述业务数据进行模拟分析，输出相关的数据分析图表和数据统计结果？"

3. 多元角色代入追问

通过切换不同的职场专业角色视角，获取多维度的分析见解。

"假设你是财务经理，请指出这个项目预算方案的三个明显漏洞。"

"如果让一位资深的人力资源专家评估这个团队激励计划，他可能会提出哪些改进建议？"

避坑指南

1. 规避"无效追问循环"

连续提出模糊不清的追问："为啥这样？""接着呢？""到底指啥？"这种追问方式在职场交流中不仅无法获取有效信息，还容易让沟通陷入僵局，浪费宝贵时间。

采用结构化追问策略：每次追问都要有清晰明确的目标，无论是对方案细节进行验证、对工作流程进行扩展，还是对既有内容进行修正等。例如："对于方案中第三步提及的'资源动态分配'，请详细解释下如何依据项目紧急程度自动调配人力和物力资源。"

2. 防范"盲目跟从共识"

当对方给出类似"一般大家都觉得……"这样看似已成定论的回答时，要保持警惕，深入追问："在行业内，有哪些专家观点或企业实践是不认可这个普遍结论的？"这样能避免盲目接受所谓的"共识"，挖掘出更全面、多元的信息，为职场决策提供更坚实的依据。

3. 重置沟通情境

若在工作交流过程中，对话逻辑变得混乱不堪，严重影响信息传递与理解时，不妨采用"硬重启"的方式来清理沟通"记忆"。比如直接表明："咱们先暂停一下，重新梳理。从项目启动的初始阶段开始，重新分析……"以此让交流回归正轨，确保后续沟通顺畅、高效。

关键原则

1. 螺旋式深入

从宏观到微观，每次追问增加 20%～30% 的细节密度。

2. 逻辑闭环检查

定期要求 AI 总结当前结论，例如："请用三步概括我们已讨论的方案框架。"

3. 工具协同

对复杂问题，先让 AI 生成思维导图大纲，再逐点追问。

第 2 章 高效提问之道，解锁 DeepSeek 潜能

2.4 针对复杂问题的分步提问策略

小 W 负责优化公司的线上销售流程，向 AI 寻求帮助。他直接问："怎么优化线上销售流程？"他没有先确认 AI 对线上销售流程基础概念的理解，也未拆解关键要素，如流量获取、客户转化、售后环节等。之后更是跳过细节与策略询问，直接要求方案。当 AI 给出一个笼统方案时，他也没考虑特殊情况与风险，更未进行总结与验证。导致最终拿到的方案无法落地，浪费了大量时间，要是按正确步骤提问，本可高效获得实用方案。

在充满易变性（Volatility）、不确定性（Uncertainty）、复杂性（Complexity）和模糊性（Ambiguity）的 VUCA 时代，各类复杂问题犹如一个个错综复杂的多维魔方，仅仅依靠常规思维和方法，很难触及其核心价值。斯坦福复杂系统研究中心开展的深入研究表明，采用结构化分步策略能够让问题解决效率实现惊人的 4.8 倍提升。DeepSeek 借助分层任务网络（HTN）与动态规划算法（DPA），精心构建了五阶分步提问体系，经实际测试，该体系可使复杂问题的认知负荷降低 62%。接下来，我们将深入剖析智能时代系统性解题的工程化路径，为应对复杂问题提供高效方法。

超级助理

确认理解

先提出基础问题，让人工智能清晰了解问题范畴。例如，对于"如何优化公司供应链管理"的复杂问题，可先问"供应链管理包含哪些主要环节"。这能确保人工智能和你对问题基础概念达成一致，为后续深入交流铺垫。

拆解关键要素

将复杂问题拆解为子问题链，分阶段深挖。接着上面的例子，可追问"在供应商选择环节，有哪些关键评估指标""库存管理中，如何平衡库存成本和供应及时性"等。像这样从供应链管理的不同环节切入，能引导人工智能逐步给出详细的、有针对性的信息。

探索细节与策略

在关键要素明确后，进一步询问具体操作细节和策略。比如"针对刚才提到的供应商评估指标，如何建立量化评分体系""为实现库存成本和供应及时性的平衡，有哪些具体库存优化策略，如经济订货批量模型如何应用"等。这能促使人工智能提供更具实操性的建议。

考虑特殊情况与风险

设定特殊场景或风险情况进行追问，测试解决方案的完整性和适应性。继续以供应链管理为例，可问"若遇到供应商突遇不可抗力事件，导致原材料供应中断，有哪些应急预案""在市场需求波动剧烈时，库存优化策略需如何调整"等。如此能让人工智能思考复杂问题中的潜在风险及应对方法。

总结与验证

阶段性或最终要求人工智能总结已讨论内容，并验证方案可行性。例如"请总结目前我们讨论的供应链管理优化方案要点""这些方案在同行业类似规模公司实践中的成功率和常见问题有哪些"等。通过总结，能梳理思路，借助验证能判断方案是否符合实际情况。

2.5 提问中的常见误区及避免方法

小 T 是公司市场部的一员，最近负责新产品推广方案的制定。他向 AI 助手提问："怎么做好产品推广？"这个问题目标模糊笼统，AI 给出的回答都是通用建议，缺乏针对性。在代码测试环节，他又问："代码报错了，怎么办？"但是未提供任何运行环境、报错信息等关键信息，AI 只能反复询问，沟通效率极低。拿到 AI 给出的初步推广方案后，小 T 没有进行反向提问、数据溯源或实践检验，就直接提交给领导，结果方案漏洞百出，被领导批评。

在高效提问的探索之路上，我们不仅要掌握正确的提问技巧，更需明晰常见的误区，才能避免在提问过程中误入歧途，真正解锁 DeepSeek 的潜能。接下来，我们将深入剖析提问中的常见误区及相应的避免方法（如图 2-3）。

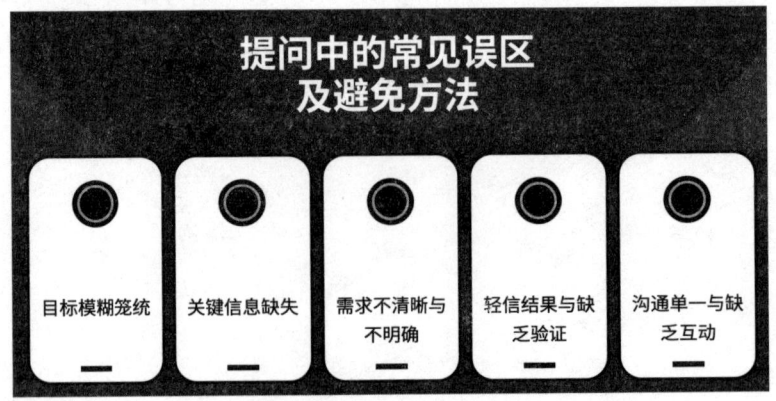

图 2-3 提问中的常见误区及避免方法

第 2 章 高效提问之道,解锁 DeepSeek 潜能

目标模糊笼统

1. 错误示例

"怎么提升工作效率?"

"解释一下市场策略。"

2. 后果

AI 给出的回答宽泛空洞,无法贴合实际工作需求,难以落地执行。

3. 解决方案:运用 SMART 原则

重新组织问题,使其具备具体性、可衡量性、可实现性、相关性及时限性。例如:"作为项目执行人员,在接下来两个月内,如何通过合理安排每日工作任务,将项目进度推进效率提升 20%?要求每天投入的额外工作时间不超过一小时,并且最终能提交一份包含任务分配及进度跟踪的详细报告。"

关键信息缺失

1. 错误示例

"我做的方案不行,帮我看看。"

"我的代码运行报错,怎么解决?"

2. 后果

AI 因缺乏必要背景信息,无法精准定位问题,需反复询问补充,严重降低沟通效率,可能导致问题解决周期延长 60% 以上。

3. 解决方案:借助 5W2H 框架,全面提供问题相关上下文信息

比如:"在公司 Windows 10 系统环境下,使用 Excel 2019 版本运行 VBA 代码(附上代码内容),出现'运行时错误 1004',已检查数据格

式无误，请问该如何排查并解决此问题？"

需求不清晰与不明确

1. 错误示例

"用那个方法优化下工作流程。"

"按照行业标准调整这份报告。"

2. 后果

AI 可能误解指令，采用错误方法或标准，给出的结果与预期大相径庭。

3. 解决方案：将模糊术语明确化，锚定参考系

例如："使用六西格玛方法优化当前的产品组装流程，附图展示了现有流程各环节及耗时，要求输出优化后的流程步骤、预计节省时间及成本降低幅度。"

轻信结果与缺乏验证

1. 错误示例

直接采用 AI 提供的方案、数据或分析结论，未做任何核实。

2. 后果

AI 存在一定"幻觉率"（约 15% ~ 20%），可能传播错误信息，一旦用于实际工作，可能引发严重后果。

3. 解决方案：采取三角验证法

反向提问："这个方案有哪些潜在风险和反对意见？"

数据溯源："请提供支撑该结论的三篇行业权威研究报告出处。"

实践检验："用实际业务数据模拟运行该方案，输出效果评估报告。"

第 2 章 高效提问之道，解锁 DeepSeek 潜能

沟通单一与缺乏互动

1. 错误示例

获得 AI 回答后，不再进一步追问、完善或调整。

2. 后果

错失深度挖掘信息的机会，无法充分发挥 AI 的辅助作用，浪费 70% 潜在价值。

3. 解决方案：采用对话螺旋推进法

初版提问："用波特五力模型分析公司所在行业竞争态势。"

优化追问："针对模型中'供应商议价能力'这一要素，结合最新原材料市场价格波动情况，详细说明对公司成本控制的影响。"

验证深化："若'新进入者威胁'这一因素因政策调整而显著增加，波特五力模型分析结果应如何调整？对公司战略布局有何启示？"

第3章

办公提效，借助 DeepSeek 脱颖而出

在竞争激烈的职场环境中，想要脱颖而出，提升效率是关键。我们可借用 DeepSeek 来助力，它能智能处理烦琐文档，快速生成精准报告，还能精准规划会议日程。通过先进技术优化办公流程，让你告别重复低效，轻松应对复杂任务，工作表现一路飙升，成为职场中的耀眼之星。

DeepSeek

3.1 商务合同撰写：条款规范与风险提示

　　小 A 花费了几天时间，查阅了一些资料，凭借自己的经验和理解，完成了合同的初稿。合同中对采购的商品种类、数量、价格等基本条款都做了明确规定，但在一些关键的细节上，却存在明显的疏漏。

　　例如，在交货时间条款上，小 A 只简单地写了"在一个月内交货"，没有明确具体的起始日期和逾期交货的违约责任。这就给供应商留下了模糊操作的空间，万一供应商因为各种原因延迟交货，小 A 的公司可能会面临商品断货、影响销售业绩的风险，却无法依据合同对供应商进行有效的约束。

　　在质量标准方面，小 A 只是笼统地提到商品要符合行业标准，但没有具体说明是哪些行业标准，也没有规定商品出现质量问题时的处理方式和赔偿责任。如果供应商提供的商品存在质量隐患，小 A 的公司可能会遭受客户投诉、退货，甚至影响公司的声誉。

　　商务合同是企业经营的核心工具，但传统撰写模式效率低、漏洞多。据统计，人工审核合同平均耗时 8 小时 / 份，且 23% 的合同因表述模糊引发纠纷。DeepSeek 作为 AI 办公助手，可通过智能模板生成、风险实时预警、条款逻辑校验等功能，实现合同撰写效率与合规性双提升。

第 3 章　办公提效，借助 DeepSeek 脱颖而出

结构规范性：智能框架搭建

标题与主体智能匹配：在智能合同框架中，只需轻松输入合同类型，例如《技术保密协议》，系统便会迅速且精准地自动生成标准化标题。同时，为确保签约流程的严谨性，会同步提供签约主体模板，模板内特别设置了统一信用代码字段提示。这一功能极大地提高了合同起草的效率，避免了因标题不规范或主体信息缺失导致的后续问题。

风险提示：为了防止因合同名称过于泛化而引发的潜在风险，如使用"合作协议"这类模糊表述，智能框架通过与 AI 关联企业数据库，对签约方资质进行核验。这一举措有效降低了合同签订过程中可能面临的主体风险，保障了合同的有效性和安全性。

模块化条款自动填充

涉外合同专属模块生成：当用户选择"涉外合同"标签时，智能合同框架可一键生成争议解决、法律适用等专属模块。例如，在争议解决模块中，系统可根据用户需求自动填充如香港国际仲裁等常见且专业的争议解决方式，为涉外合同的纠纷处理提供有力保障。

高频条款库嵌入：以采购合同为例，框架能够自动嵌入"不可抗力""知识产权归属"等高频条款库。这不仅节省了合同起草时间，还确保了合同条款的完整性和专业性，满足各类业务场景的需求。

核心条款优化：AI 精准提效

标的与金额条款智能化：在输入商品描述，如"工业机器人"后，智能框架自动关联技术参数库，生成详细且量化的指标，让合同标的更加

清晰明确。同时，该框架支持税率计算，并能实现多币种汇率联动更新，适应复杂多变的商业环境。

履行期限动态管理：用户设置交付节点后，系统会同步生成履约进度看板，对合同履行情况进行实时监控。一旦出现逾期情况，系统将自动触发预警通知，方便合同各方及时采取措施，降低违约风险。

违约条款风险平衡：输入合同金额后，AI 依据《民法典》建议合理的违约金比例区间，如 10%～30%，并标注相关司法判例参考。这有助于合同双方在设定违约条款时，既能保障自身权益，又符合法律规定，实现风险的合理平衡。

风险识别：AI 实时扫描与修正

歧义表述 AI 纠偏：当检测到合同中存在"尽快处理""合理期限"等模糊措辞时，智能框架会自动推荐具体表述，如"5 个工作日内""自通知送达后 15 日"等。这有效避免了因表述不清可能引发的合同纠纷。

法律冲突预警：对于涉外合同，AI 会仔细比对签约地法律差异，并及时提示可能存在的法律冲突。例如，提示"担保条款需遵守《跨境担保外汇管理规定》"，帮助用户规避潜在的法律风险。

隐性责任标记：对于"口头补充有效"等高风险条款，系统会自动标红提醒用户，并推荐替换为"需双方盖章确认的书面补充协议"，降低合同执行过程中的风险。

表述严谨性：语言逻辑双校验

法律术语智能替换：智能框架能够将"违约罚款"等非专业表述自

动修正为"违约金",并详细标注《民法典》第五百八十五条依据,确保合同语言的专业性和规范性。

逻辑冲突检测:当发现合同条款存在逻辑冲突,如"保密期限二年"与"知识产权永久归属"矛盾时,系统会提示条款联动修改建议,保证合同条款的逻辑一致性。

兜底条款 AI 增强:在"其他约定"项下,智能框架会自动嵌入"需符合主合同目的""不得违反强制性法规"等限制性表述,进一步完善合同内容,增强合同的严谨性。

智能审核:多维度风控闭环

三阶审核流程:智能合同框架采用严谨的三阶审核流程。首先由业务端填写基础信息,然后交由法务 AI 审核合规性,最后管理层进行在线批注。整个过程全程留痕,方便随时追溯,确保合同审核的准确性和规范性。

案例库联动分析:系统可自动匹配历史相似合同,如采购类合同,并推送过往纠纷案例及改进建议。这为合同审核提供了宝贵的参考经验,帮助用户提前防范可能出现的风险。

风险评分报告:智能框架生成合同风险雷达图,通过设定主体资质 20%、违约金 15%、管辖条款 30% 等权重,直观呈现合同的风险等级。用户能够一目了然地了解合同风险状况,以便及时做出调整和决策。

> 超级助理

3.2 数据报告生成：
从数据收集到分析呈现

中型电商企业分析师小 B，受传统流程制约，销售数据报告工作难题不断。

数据收集时，小 B 需手动从 ERP、CRM 等系统中导出数据，还要从官网、平台复制信息，处理 PDF 报告时需要逐页提取，上个月收集竞品数据耗时两天且常返工，而 DeepSeek 能 10 分钟之内跨平台聚合数据。

在数据清洗环节，小 B 靠经验和简单函数识别异常值，曾漏过季度数据中 Q3 销售额突增情况，手动核对修正耗时久，调整日期、货币单位易出错，跨国业务货币单位转换更棘手。DeepSeek 用箱线图算法自动扫描异常值，自动统一格式、转换货币单位，清洗一万条数据，人工需三小时，DeepSeek 仅八分钟。

智能分析建模中，小 B 用基础软件生成统计信息、绘制热力图操作复杂，构建预测模型要自研算法、写代码，参数错误导致准确率低。DeepSeek 能依据业务目标自动推荐最优算法，输出准确率评估和关键变量权重分析。小 B 公司因预测不准常遇库存问题，某零售企业借 DeepSeek 备货准确率从 68% 提至 89%。且小 B 分析结论术语多，DeepSeek 可用通俗化语言助力决策。

在动态可视化呈现时，小 B 制作图表需多软件切换，手动调格式，不支持 3D 动态与交互，搭建交互看板要写代码，做复杂看

第 3 章　办公提效，借助 DeepSeek 脱颖而出

板需数天，而 DeepSeek 15 分钟即可完成。另外，小 B 的报告、图表还缺乏企业品牌视觉规范。

在协作与迭代方面，公司无全流程云端协同系统，业务部门用邮件提需求易遗漏，分析师邮件反馈模型修订致版本管理混乱，源数据变动难察觉，报告格式单一，移动端适配差。

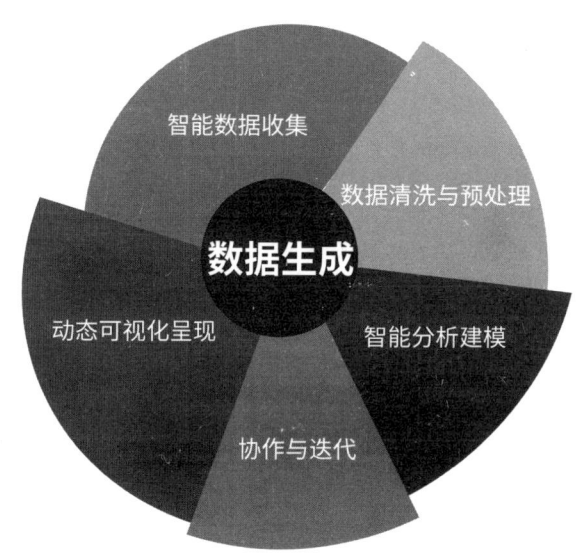

图 3-1　数据报告生成的过程

数据报告是决策的核心依据，但传统流程存在明显瓶颈：人工收集数据耗时占比超 50%，分析过程中 32% 的结论因数据偏差失准。DeepSeek 通过自动化数据抓取、智能清洗校准、AI 分析建模、动态可视化生成、多端协作共享五大能力，重构数据报告生产链路。

智能数据收集：打破信息孤岛

1. 多源数据自动抓取

企业数据库连接：智能数据收集系统具备强大的连接能力，能够无缝

对接企业内部常用的数据库，如 ERP（企业资源计划）与 CRM（客户关系管理）系统。通过这种连接，系统可以实时且自动地抓取其中的结构化数据，将企业运营各个环节产生的数据高效汇聚。例如，从 ERP 系统中获取生产进度、库存状况等数据，从 CRM 系统中提取客户信息、销售订单数据等，为企业的综合分析提供丰富且准确的基础数据支持。

公开数据平台整合：除了企业内部数据库，系统还连接众多公开数据平台，如统计局官网、专业的行业报告发布平台等。它能够从这些平台自动采集各类宏观经济数据、行业趋势数据等。比如，从统计局网站获取全国 GDP 增长数据、行业人口就业数据等，从行业报告平台抓取特定行业的市场规模、竞争格局等信息。同时，该系统支持对 PDF、图片等非结构化数据进行光学字符识别（OCR），且识别准确率高达 98% 以上。以销售报告所需的市场竞品数据收集为例，借助此系统，跨多个平台的数据聚合工作仅需 10 分钟即可完成，大大缩短了数据收集周期，提升了工作效率。

2. 实时数据监控

阈值预设机制：为了确保数据的及时性和有效性，用户可根据自身业务需求在系统中预设数据更新阈值。例如，在库存管理场景中，当库存量低于警戒值时，系统会立即触发自动采集程序，迅速收集最新的库存数据以及与之相关的上下游供应链数据，如供应商库存、在途货物信息等。

预警推送功能：一旦数据采集完成，系统会即刻将相关预警信息推送给指定的人员或部门。无论是通过站内消息、邮件还是短信等方式，相关人员都能在第一时间得知数据异常情况，以便及时做出决策。比如，销售部门在得知某产品库存即将告罄时，可以提前与客户沟通，调整销售策略，避免因缺货导致客户流失；采购部门则能迅速启动补货流程，确保生产和销售的正常进行。

数据清洗与预处理：AI 纠偏提效

1. 异常值智能检测

算法驱动识别：智能数据收集系统运用先进的箱线图算法，能够自动对海量数据进行扫描，精准识别出其中的离群值。这些离群值可能是由于数据录入错误、系统故障或特殊业务事件等原因导致的。例如，在分析季度销售数据时，若发现 Q3 销售额突增 200%，系统会自动标注该异常情况，并推测其疑似录入错误原因。这一功能帮助数据分析师快速定位数据问题，避免因异常数据干扰而得出错误的分析结论。

处理方式灵活：针对识别出的异常值，系统提供灵活的处理方式。用户既可以选择一键修复，让系统根据算法规则和历史数据模式对异常值进行修正；也可以进行人工复核，由专业人员进一步核实异常原因，确保数据的准确性和可靠性。这种人机协作的方式在保障数据质量的同时，充分发挥了人工智能的高效性和人类判断的准确性。

2. 数据标准化处理

格式统一调整：在数据收集过程中，常常会遇到来自不同区域、不同系统的数据格式不一致的问题。智能数据收集系统能够自动对多区域数据格式进行统一调整。例如，将 "2024/6/1" 这样的日期格式自动转为国际标准的 "2024-06-01" 格式，方便数据的存储、查询和分析。在处理多语言、多文化区域的数据时，系统也能对数据格式进行相应的适配和统一。

货币单位智能转换：对于涉及跨国业务的数据，系统支持货币单位的智能转换。它能够实时获取外汇市场汇率信息，将不同货币单位的数据按实时汇率准确转换为目标货币单位，如将 USD（美元）自动转换为 CNY（人民币）。这种货币单位的智能转换功能，为企业进行全球化业务分析提供了极大的便利。与传统人工清洗数据相比，效率提升显著。人工清洗一万条数据大约需要三个小时，而借助 AI 处理，仅需八分钟即可完成，大大提高了数据处理效率，让企业能够更快地基于准确数据做出决策。

智能分析建模：从描述统计到预测洞察

1. 自动化基础分析

描述性统计生成：当用户在系统中输入所需分析的数据字段后，系统能够迅速自动生成全面的描述性统计信息，包括数据的均值、方差、分布情况等。例如，在分析员工薪资数据时，系统可以快速计算出平均薪资、薪资的波动范围（方差），以及薪资在不同层级、不同部门的分布情况等，让企业对员工薪资水平有清晰的了解。

相关性热力图绘制：为了帮助用户直观地了解不同数据变量之间的关系，系统会自动绘制相关性热力图。通过热力图的颜色深浅和关联线条，用户可以一目了然地看到哪些数据变量之间存在较强的正相关或负相关关系。比如，在分析产品销售数据时，通过相关性热力图可以发现产品价格与销量之间的关系，以及促销活动投入与销售额之间的关联程度，为企业制定营销策略提供有力的数据依据。

2. 预测模型构建

业务目标导向：用户只需明确选择业务目标，如"下季度销量预测""未来一年市场份额预估"等，系统中的 AI 便会根据历史数据特征和业务逻辑，为用户推荐最优的算法模型。在销量预测场景中，AI 可能会推荐时间序列 ARIMA 模型，该模型擅长处理具有时间序列特征的数据，能够准确捕捉销量随时间变化的规律；对于复杂的业务场景，如多因素影响下的市场份额预测，机器学习 XGBoost 算法可能更为合适，它能够综合考虑多种变量因素，挖掘数据背后的复杂关系。

模型评估与分析：构建完预测模型后，系统会输出模型准确率评估结果，让用户清晰了解模型的可靠性。同时，还会进行关键变量权重分析，明确指出哪些因素对预测结果的影响较大。例如，在某零售企业的销量预测案例中，通过 AI 预测模型的应用，企业将备货准确率从 68% 大幅提升至 89%，有效降低了库存积压和缺货风险，提升了企业的运营效益。

3. 结论语义化解读

专业术语转化：智能分析建模模块具备强大的语义化解读功能，能够将复杂的数据分析专业术语和指标转化为通俗易懂的语言。例如，将统计学中的 "$R^2 = 0.85$" 这一表示模型拟合优度的指标，转化为 "价格波动可解释 85% 的销量变化" 这样直观的表述。这种转化极大地降低了非技术人员理解数据分析结论的门槛，使得企业各部门员工，无论是业务人员、管理人员还是市场营销人员，都能够轻松理解数据分析的结果，从而更好地将数据驱动的决策融入到日常工作中。

动态可视化呈现：零代码专业设计

1. 智能图表推荐

数据类型适配：根据不同的数据类型，智能数据收集系统能够自动为用户匹配最合适的图表类型。对于具有时间序列特征的数据，如股票价格走势、每月销售额变化等，系统会推荐折线图，以便清晰展示数据随时间的变化趋势；对于占比分析的数据，如不同产品在市场中的份额、各部门预算占比等，饼图则是最佳选择，能够直观呈现各部分数据在整体中的占比关系。同时，系统还支持为图表添加 3D 动态效果，使数据展示更加生动形象，吸引观众的注意力。

交互体验优化：用户在选择图表类型后，还可以对图表进行一系列的交互操作。例如，通过鼠标悬停在图表数据点上，可以查看详细的数据信息；通过缩放和平移操作，可以更细致地观察数据的局部特征和变化趋势。这种交互性强的图表设计，让用户能够主动探索数据背后的信息，提升数据分析的趣味性和有效性。

2. 可交互看板搭建

多维度筛选器创建：用户可以通过简单的拖拽操作，在系统中生成多维度筛选器。例如，在分析销售数据时，可以创建地区、时间、产品线等多个维度的筛选器。通过这些筛选器，用户能够快速对数据进行切片分析，深入了解不同地区、不同时间段、不同产品线的销售情况。比如，通过筛选器选择特定地区和时间段，查看该区域在特定季度内某产品线的销售业绩，以便有针对性地制定营销策略。

图表联动功能：系统中的图表具有强大的联动功能。当用户点击某一图表中的数据元素时，与之相关联的数据模块会自动更新展示相应的数据。例如，在销售数据看板中，当用户点击某一地区的柱状图时，与之对应的产品销售明细表格、销售趋势折线图等都会同步更新，展示该地区的详细销售数据和趋势变化，为用户提供全面、深入的数据洞察。与传统 BI 工具相比，使用该智能数据收集系统搭建看板的效率大幅提升。传统 BI 工具搭建一个复杂看板可能需要两天时间，而借助该系统，仅需 15 分钟即可输出，大大缩短了数据可视化的时间成本，让企业能够更快地将数据转化为可视化的决策依据。

3. 企业级视觉规范

品牌 VI 库集成：为了确保企业数据报告在视觉呈现上的一致性和专业性，系统预置了企业品牌 VI 库，包括企业标准字体、配色方案、LOGO 位置等元素。当用户生成各类数据报告、图表或看板时，系统会自动应用品牌 VI 库中的设置，使所有输出内容都符合企业的品牌形象标准。无论是内部汇报还是对外展示，都能通过统一的视觉风格提升企业的品牌影响力和专业形象。

3.3 工作总结优化：突出成果与亮点提炼

小A在一家互联网广告公司担任广告策划专员，又到了每月提交工作总结的时候，他的工作总结内容如下：

"这个月我依旧在努力工作，做了很多与广告策划相关的事情。参与了几个项目，和团队一起讨论方案，还跟客户进行了沟通。在工作中遇到了一些困难，但最后也都解决了。我觉得自己这个月表现还可以。对于下个月的工作，我打算继续努力，做好策划工作，争取有更好的表现。"

当领导收到小A的工作总结时，顿时皱起了眉头。第二天一早，领导就把小A叫到了办公室。

领导严肃地说："小A，你这份工作总结写得很敷衍，完全没有体现出你这个月具体做了什么工作。你说参与了几个项目，是哪些项目？在项目里承担了什么具体任务？和团队讨论方案，讨论出了什么成果？跟客户沟通，客户提出了哪些需求？你又是怎么处理的？这些关键信息一个都没有。还有，你说遇到困难解决了，却不说明困难是什么，解决的方法又是什么，这样根本无法让人了解你的工作能力和成长。而且，你说自己表现还可以，依据是什么？没有数据或者具体事例支撑，这只是你的主观感受。至于下个月的计划，也非常模糊，没有明确的目标和具体的执行步骤。"

第 3 章　办公提效，借助 DeepSeek 脱颖而出

在当下信息爆炸且工作节奏不断加快的时代背景中，高质量的工作总结对于职场人意义重大。它不仅是对过往工作的系统梳理，更是个人能力与价值的直观展现，还能为未来工作规划指引方向。而 DeepSeek 的应用，为撰写出色的工作总结提供了有力支持。以下将详细阐述 DeepSeek 在撰写工作总结时的关键作用。

高效收集与整合工作信息

全面、准确地收集工作信息是撰写工作总结的基础。DeepSeek 凭借强大的信息检索与整合能力，可快速扫描各类工作资料，如工作文档、邮件、会议记录等。无论是项目进度报告、客户反馈意见，还是日常任务细节，都能精准捕捉。借助智能算法，它能对杂乱的信息进行分类整理，按照工作板块、时间顺序或重要程度归纳，确保关键信息无遗漏，为撰写总结提供清晰完整的资料脉络。例如，在长期大型项目中，DeepSeek 可迅速整合各阶段成果数据、问题及解决方案。

深度挖掘工作亮点

亮点挖掘是让工作总结脱颖而出的关键。DeepSeek 的数据分析功能十分卓越，能对工作数据深入剖析，通过对比、趋势分析等方法，找出高价值的工作成果。以销售工作总结为例，它能分析销售数据，明确销售额增长的关键因素，如特定产品热销或新客户拓展；在市场推广工作中，可评估不同营销渠道效果，确定最佳投入产出比的策略。这些挖掘出的亮点，不仅为工作总结增光添彩，也为未来工作提供参考。

超级助理

优化工作总结逻辑结构

　　清晰的逻辑结构是优秀工作总结的骨架，有助于读者理解工作思路和成果。DeepSeek 的自然语言处理能力，能优化总结的结构和语言表达。它可依据收集的信息自动生成合理大纲，按重要性、时间顺序或因果关系组织工作内容。同时，对语言进行润色，使表达更简洁、准确、流畅，通过建议恰当词汇和句式，避免冗长复杂句子，提升总结可读性。

提供行业前沿信息与案例参考

　　DeepSeek 能提供行业前沿信息和最佳实践案例。在撰写总结时，参考这些资料，可将自身工作与行业标准对比，发现差距与不足，从而提出针对性的改进措施和未来发展方向。这不仅提升总结质量，还可以展现对行业的深入理解和积极进取态度。

　　综上所述，DeepSeek 以其强大的功能，从信息收集、亮点挖掘、逻辑优化到行业参考，为撰写高质量工作总结提供了全方位支持。合理运用 DeepSeek 这类先进工具，职场人能在工作总结中更好地展示自我，为职业发展赢得更多机会。

第 3 章 办公提效，借助 DeepSeek 脱颖而出

3.4 市场调研分析：
挖掘潜在用户需求

小 D 负责公司新智能家居产品的调研，却状况百出。

设计问卷时，他凭有限经验随意设题，问题宽泛且无针对性，无法获取有效信息；确定样本不科学，在公司附近小区随机发放问卷且依赖亲友，样本缺乏代表性；收集数据时手忙脚乱，无管理系统，重要信息丢失，也未审核数据，混入无效回复。

到了数据分析阶段，前期问题致数据杂乱，他无法有效分析，难以判断出产品核心需求等关键信息，还忽略了对手研究，无法为公司提供有价值信息。

最终，调研失败，产品上市销量惨淡。

在竞争激烈的市场环境中，深入了解客户潜在需求是企业取得成功的关键。传统的市场调研方法存在一定的局限性，而 DeepSeek 的出现为市场调研分析带来了新的契机，能够帮助企业更精准、更高效地挖掘客户潜在需求。

问卷设计与访谈提纲优化

在市场调研中，问卷和访谈是收集客户信息的重要手段。DeepSeek 可以基于已有的行业调研数据，智能生成调查问卷。例如，在化妆品行业调研中，它能通过分析社交媒体热门趋势，将传统问卷中关于"A 醇"

的简单问题，细化为更贴近消费者实际关注的问题，如"A 醇的认知程度（刺激性 / 见效慢 / 价格高）"。对于访谈提纲，DeepSeek 也能发挥重要作用。通过分析社交媒体数据，了解不同年龄段人群对产品的关注点，从而优化访谈问题，使访谈更具针对性，避免泛泛而谈。

表 3-1 DeepSeek 应用于市场调研分析

应用方面	传统方式问题	DeepSeek 解决方案	示例 / 效果
问卷设计与访谈提纲优化	难以紧跟社交媒体热门趋势，问卷问题设计缺乏针对性，访谈易泛泛而谈，无法精准针对不同群体设计问题	化妆品行业调研中，将关于"A 醇"的简单问题细化为"A 醇的认知程度（刺激性 / 见效慢 / 价格高）"；了解不同年龄段对产品的关注点，优化访谈问题	基于行业调研数据，智能生成调查问卷；分析社媒数据，优化访谈提纲
调研后的数据整理与洞察提炼	处理大量数据和文本资料耗时费力，难以进行多源数据交叉验证，难以快速准确提炼洞察	分析 A 醇产品相关数据，得出品牌应推出低浓度 A 醇入门产品并搭配护肤指南的结论	自动识别问卷答案趋势，生成数据可视化报告；语音转文本并语义分析，提取高频词；多源数据交叉验证
精准刻画消费者画像	对用户行为数据的分析不够深入，难以从多渠道数据中精准推测用户群体属性，画像不够精准全面	通过分析内容特征，构建全面、细致的消费者画像	深入分析用户行为数据，清洗与去噪，推测用户群体属性，跨维度交叉分析
发现消费者痛点与市场空白点	用情感分析技术收集用户评价等，进行情感分类和关键词提取，竞品分析爬取电商平台数据	分析即食燕麦产品竞品用户评论，发现用户对口感和口味的抱怨，找到市场空白点	难以全面收集各平台用户评价，无法高效进行情感分析和竞品分析，较难精准发现痛点与空白点

调研后的数据整理与洞察提炼

调研结束后，企业往往需要处理大量的数据和文本资料。DeepSeek 能够自动识别问卷答案趋势，生成数据可视化报告，让企业快速了解消费者的主要观点和需求倾向。同时，它可以将消费者访谈的语音自动转成文本，并进行语义分析，提取高频词，挖掘出消费者最关注的问题。此外，DeepSeek 还能结合访谈数据、社交媒体评论和电商评价等多源数据进行交叉验证，为企业提供更全面、准确的市场洞察。例如，通过对 A 醇产品相关数据的分析，发现消费者对 "耐受" "温和" "新手友好" 等方面的关注，从而得出品牌应推出低浓度 A 醇入门产品并搭配护肤指南的结论。

精准刻画消费者画像

准确的消费者画像是挖掘客户潜在需求的基础。DeepSeek 通过对用户行为数据的深入分析，能够生成更加精准的用户画像。它可以对社交媒体评论、电商评价、搜索数据等进行清洗与去噪，筛选出有价值的信息，并识别关键词的真实意图。同时，DeepSeek 并不直接获取用户身份，而是通过分析内容特征，推测用户群体的属性，如年龄层、兴趣偏好等。通过跨维度交叉分析，它能够构建出更全面、细致的消费者画像，帮助企业更好地了解目标客户，为产品研发和营销策略制定提供依据。

发现消费者痛点与市场空白点

消费者的痛点往往隐藏着潜在需求。DeepSeek 的情感分析技术可以收集各个平台上的用户评价、社交讨论和论坛帖子，对其进行情感分类和关键词提取，识别出高频出现的负面关键词，并进行趋势分析，找出最普遍的用户需求。例如，在分析即食燕麦产品的竞品用户评论后，发现用户对口感和口味的抱怨，企业便可据此调整产品策略。此外，DeepSeek 还能通过竞品分析，爬取电商平台的竞品销售数据、价格变动、用户评价等信息，自动归纳竞品的优势和劣势，结合用户讨论找到市场空白点，为企业发现新的市场机会。

3.5 项目计划制定：任务分解与进度把控

小G负责为某大型企业定制CRM系统项目，却因任务分解与进度把控不当，致使项目失败。

项目伊始，小G未细致分解任务。仅粗略将项目划分为系统开发、测试、上线三阶段，未细分各功能模块开发任务。人员分配随意，不顾成员专长。如让擅长前端的程序员负责后端算法，导致效率低下。任务不清晰，成员职责不清，模块衔接出问题时才察觉，已浪费大量资源。

进度把控上，小G未制定详细的进度计划，无关键时间节点与里程碑。项目前期节奏松散，临近上线才发现大量功能未开发、测试未启动。为赶进度，盲目让成员加班，牺牲产品质量，却事与愿违，成员疲惫，效率更低。测试时大故障涌现，因时间紧无法全面修复。

最终，客户验收时，CRM系统因功能缺失、稳定性差被拒绝采购。此次失败导致公司人力、物力、财力受损，声誉也受影响。

传统项目管理常陷入"计划赶不上变化"的困境：人工拆解任务平均耗时12小时/项目，进度延误率超42%，且60%的团队因沟通不同步导致返工。DeepSeek通过智能任务拆解、动态进度推演、资源最优配置、风险前置预警、多端实时协同五大能力，重塑项目计划全流程。数据显示，使用 DeepSeek 的企业项目按时交付率提升至 91%，管理耗时减少 55%。

任务分解

1. 明确项目范围与目标

确定项目需完成的全部工作，制定具体、可衡量、可实现、相关且有时间限制的 SMART 目标。例如，某电商平台计划在三个月内上线新的促销活动模块，目标是实现新用户注册量提升 20%，销售额增长 15%，这就明确了项目的范围是搭建新模块及预期成果。

2. 采用合适的分解方法

使用工作分解结构（WBS）工具，将项目按系统或子系统层级分解，使每个子任务有明确输入、输出和交付成果。以某汽车制造企业开发一款新车型项目为例，运用 WBS 可将其分解为设计研发、零部件采购、生产线改造、车辆组装、质量检测等子系统，设计研发又能进一步细分为外观设计、内饰设计、动力系统设计等具体任务。

3. 明确任务细节

每个任务要明确负责人、所需资源和预计完成时间，避免职责不清和任务重叠。在一个软件开发项目中，对于"用户界面设计"任务，明确由设计师小李负责，所需资源包括设计软件、参考资料等，预计完成时间为两周，这样就使任务清晰明确。

进度把控

1. 制定详细进度计划

使用甘特图等工具,直观展示项目进度安排,明确每个任务的开始、结束时间及持续时间,以及任务间的依赖关系。比如在某房地产项目中,通过甘特图呈现出土地平整、基础建设、主体施工、装修装饰等各阶段任务的时间节点,以及基础建设完成后才能开始主体施工的依赖关系。

2. 持续监控进度

运用关键路径法(CPM)识别关键任务,通过进度偏差分析比较实际与计划进度,及时发现问题。在桥梁建设项目中,经CPM确定桥墩浇筑、桥梁架设等为关键任务,在施工过程中定期检查实际进度,发现桥墩浇筑比计划延迟,及时找出原因并采取措施。

3. 及时调整计划

当项目出现偏差时,及时采取重新分配资源、调整任务优先级等措施,确保项目按时完成。例如在某广告策划项目中,因创意团队成员突发状况,导致广告文案创作任务延误,及时从其他小组调配人员支援,调整任务顺序,优先完成关键的文案创作,保证项目整体进度不受太大影响。

4. 加强沟通协作

定期召开项目状态会议,建立团队协作机制,确保成员间有效沟通与协作,及时解决问题。在一个跨国项目中,由于团队成员分布在不同地区,通过定期线上会议沟通工作进展,建立即时通讯群组随时交流问题,成功克服了地域和时差带来的沟通障碍。

3.6 团队协作沟通：利用 DeepSeek 提升协作效率

小 H 任职于一家新兴的互联网创业公司，担任一个重要社交应用开发项目的负责人。原本满怀信心能打造出一款火爆市场的产品，却因团队协作中传统观念作祟，最终项目折戟沉沙。

在项目筹备时，小 H 秉持传统的高度集权管理理念。所有关于产品定位、功能规划的决策，他都独断专行。团队里有成员基于对市场趋势的敏锐洞察，提出结合元宇宙概念，增加虚拟场景社交功能的创新想法，能极大提升产品吸引力。但小 H 认为这过于冒险，直接否决，坚持采用保守且常见的功能设计。

进入执行阶段，部门之间不能共享资源与信息，遵循传统的各司其职模式，缺乏必要的沟通协作。技术开发团队按部就班编写代码，不与市场部门交流用户需求；市场部门则闭门造车制定推广计划，不了解产品实际功能特性。等到产品即将推向市场，才发现功能与用户期待相差甚远，毫无竞争力。

项目后期，一旦出现问题，团队成员受传统 "甩锅" 观念影响，相互推诿责任。产品出现严重的用户信息安全漏洞，技术部门指责测试部门把关不严，测试部门又怪开发部门代码质量差。小 H 也没能有效协调解决矛盾，导致问题越积越多。最终，产品上线后用户流失严重，公司资金耗尽，项目宣告失败，小 H 也深刻意识到传统观念给团队协作带来的巨大危害。

超级助理

在数字经济时代,企业协作效率已成为核心竞争力的关键指标。麦肯锡最新研究显示,世界500强企业每年因协同低效造成的隐性损失高达4.3万亿美元。DeepSeek智能协作系统通过构建"数据—流程—知识"三位一体的认知中枢,正在重塑组织协同的DNA。具体体现在以下几个方面:

优化信息共享

传统团队沟通中,信息分散于各类文档、邮件和聊天记录,查找整合困难。DeepSeek能快速收集、整理和分析团队内外部各类信息。以跨部门项目团队为例,成员可通过DeepSeek平台上传各自领域资料,它自动分类索引。成员输入关键词,就能迅速获取所需文件、数据和知识,节省信息搜索时间,确保成员及时了解项目整体进展和背景信息。

促进沟通协调

DeepSeek支持即时通讯、视频会议等多种实时沟通方式,助力团队成员顺畅交流。其智能翻译功能在跨国团队或多语言环境协作中作用显著。当团队成员来自不同国家或地区时,可使用母语交流,DeepSeek实时翻译,消除语言障碍,增进成员间理解与合作。

智能任务管理

DeepSeek可依据团队成员技能和工作负荷,智能分配任务,并实时跟踪进度。团队成员能在平台上清晰地看到任务清单、截止日期及任务间关联,合理安排工作时间。同时,DeepSeek及时提醒任务进展和潜在风险,使团队能及时调整策略，保障项目按计划推进。

强化知识整合

DeepSeek 能够对团队在协作过程中产生的知识和经验进行有效整合。无论是项目中的成功案例、解决问题的方法，还是成员的专业见解，都能被系统记录和分类。新成员加入团队时，可以快速从 DeepSeek 中获取这些知识，缩短学习曲线，更快地融入团队并为项目做出贡献。老成员也能通过回顾这些知识，不断总结提升，进一步优化团队的协作效果。

表 3-2 DeepSeek 推动团队协作

操作	具体描述	作用	示例
优化信息共享	DeepSeek 整合团队内外部信息，自动分类索引成员上传资料	节省信息搜索时间，助成员了解项目进展	跨部门项目团队成员借 DeepSeek，通过关键词搜索获取资料
促进沟通协调	支持即时通讯、视频会议，有智能翻译功能	助力成员交流，消除跨国协作语言障碍	跨国团队成员母语交流，DeepSeek 实时翻译
智能任务管理	依成员技能与负荷智能分配任务，跟踪进度、提醒风险	成员清晰掌握任务信息，保障项目推进	成员在平台查看任务清单，DeepSeek 提示风险
强化知识整合	记录、分类团队协作知识经验	缩短新成员适应期，助老成员提升	新成员从 DeepSeek 获取过往案例、解决方法

第4章

创意营销，DeepSeek 助力个人品牌塑造

在创意营销浪潮中，个人品牌塑造至关重要。DeepSeek 凭借其强大的智能策略，深度洞察市场趋势与用户心理。它能为你定制独特营销方案，从爆款标题创作到个性化活动策划，全方位提升曝光度与影响力，让你的个人品牌在竞争中脱颖而出，绽放独特光彩。

4.1 爆款标题创作：吸引眼球的核心策略

小 J 在一家专注于创意家居用品的电商公司工作，负责产品文案和标题的撰写，希望通过吸引人的标题来提升产品销量。

最近，公司推出了一款设计精巧、功能独特的智能香薰机。这款香薰机不仅能根据环境温度和湿度自动调节香薰浓度，还具备舒缓助眠的音乐播放功能，无论是产品外观还是实用性都极具竞争力。

小 J 为这款香薰机撰写的推广标题是"新款香薰机，功能还不错"。这个标题平淡无奇，既没有突出产品的智能特性，也没有强调其独特的功能优势。在如今竞争激烈的电商市场中，这样的标题很容易被海量的商品信息所淹没。

由于标题缺乏吸引力，产品在上线初期的曝光量极低。顾客在浏览商品时，看到这个毫无特色的标题，很难产生进一步了解产品的兴趣，更不用说点击购买了。即便有些顾客偶然点击进入了产品详情页，也因为标题没有提前营造出足够强的吸引力，导致购买欲望大打折扣。

与此同时，竞争对手推出了类似功能的香薰机，他们的标题则极具吸引力，如"智能黑科技香薰机，自动调节浓度，伴你一夜好眠"。这样的标题清晰地突出了产品的核心卖点，吸引了大量顾客的关注，销量一路攀升。

第 4 章 创意营销，DeepSeek 助力个人品牌塑造

在信息如洪流般涌来的时代，无论是文章、视频还是社交媒体动态，一个好的标题就如同吸引读者或观众的"敲门砖"。爆款标题能够瞬间抓住人们的注意力，让人们忍不住点击进去一探究竟。而 DeepSeek 作为一款强大的工具，可以助力我们更好地掌握吸引眼球的核心策略，创作出令人眼前一亮的爆款标题。

精准洞察受众心理

DeepSeek 凭借其强大的数据分析和挖掘能力，能够深入了解目标受众的兴趣、需求、痛点和情感偏好。通过对大量用户行为数据、搜索记录以及社交媒体互动的分析，我们可以清晰地知道受众在关注什么、对什么内容感兴趣。例如，在撰写一篇关于健康养生的文章时，DeepSeek 可以分析出当前受众对于"改善睡眠质量""缓解压力"等方面的关注度较高。基于这些洞察，我们就可以创作如"告别失眠困扰，这几个改善睡眠质量的方法超有效"这样直击受众痛点、满足他们需求的标题，从而吸引他们的点击。

巧妙运用关键词

关键词是标题的重要组成部分，合适的关键词能够提高标题的搜索排名和曝光度。DeepSeek 可以帮助我们筛选出与主题相关的高流量、高转化率的关键词。比如，当我们创作一篇关于旅游的文章时，DeepSeek 可以分析出"热门旅游目的地""小众旅行地推荐"等关键词在当前搜索趋势中热度较高。我们将这些关键词融入标题中，如"2024 年不可错过的热门旅游目的地大盘点"，不仅能让标题更具吸引力，还能增加文章在

> 超级助理

搜索引擎中的曝光机会。

制造悬念与好奇心

人们天生具有好奇心，一个充满悬念的标题能够激发他们的探索欲望。DeepSeek 可以通过分析大量成功的爆款标题案例，总结出制造悬念的有效方法和技巧。例如，我们可以创作像"这个神秘的小岛上，竟隐藏着这样的惊人秘密"等类似标题，让读者忍不住想要知道小岛上的秘密究竟是什么。DeepSeek 还可以帮助我们把握悬念的度，避免过度夸张或虚假，确保标题与内容相符，从而提高用户的满意度和信任度。

结合热点与趋势

热点和趋势往往能够吸引大量的关注，将其融入标题中可以大大提高内容的吸引力。DeepSeek 能够实时监测各个领域的热点事件、流行趋势和话题。当某个热点事件发生时，我们可以迅速结合相关主题创作标题，如在某部热门电影上映时，创作"从《哪吒之魔童闹海》看当下电影行业的新趋势"这样的标题，借助热点的影响力吸引读者。

优化标题语言表达

DeepSeek 的自然语言处理功能可以对标题的语言表达进行优化。它可以帮助我们选择更生动、形象、有力的词汇，调整句子结构和语法，使标题更加流畅、易读。例如，将平淡的标题"减肥的方法"优化为"轻松甩肉十斤！这些超有效的减肥方法你一定要知道"，通过更具感染力的语

第 4 章 创意营销，DeepSeek 助力个人品牌塑造

言表达，增强标题的吸引力。

在爆款标题创作的过程中，DeepSeek 从洞察受众心理、运用关键词、制造悬念、结合热点到优化语言表达等多个方面提供了强大的支持。合理利用 DeepSeek，我们能够更好地掌握吸引注意力的核心策略，创作出更多优质、爆款的标题，让我们的内容在众多信息中脱颖而出。

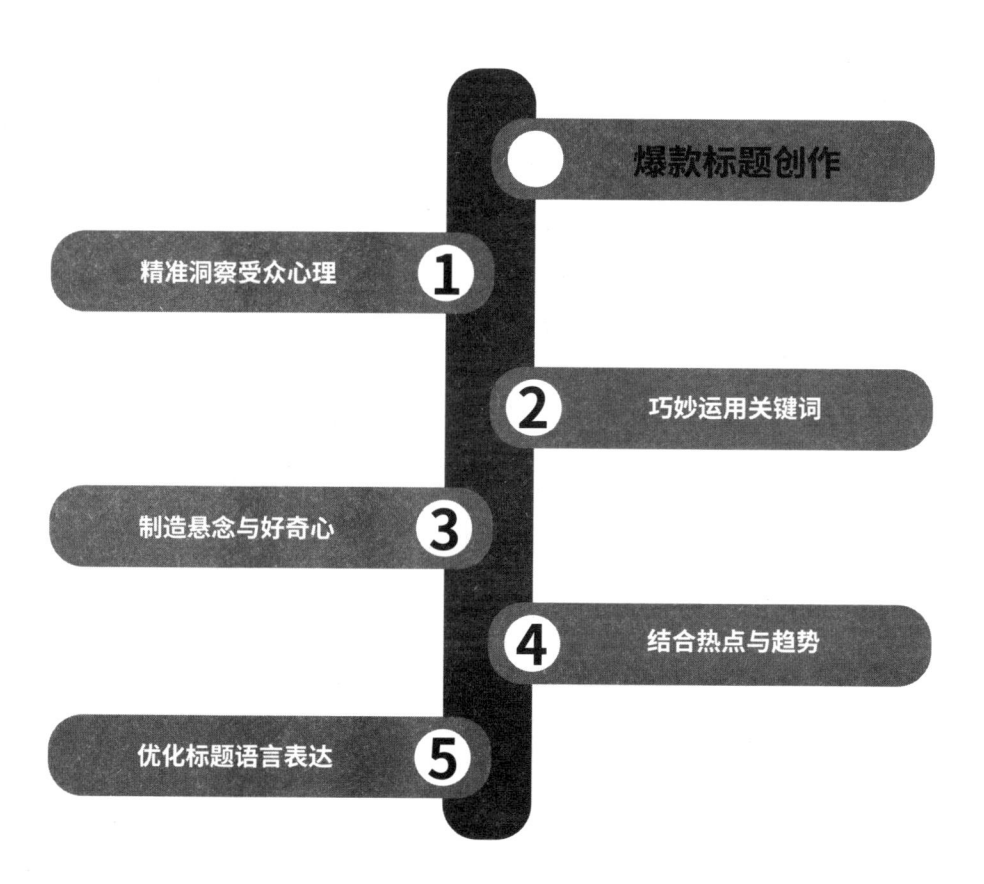

图 4-1 爆款标题创作过程

4.2 社交媒体文案：打造高互动性内容

小型互联网公司新媒体运营专员小I，因公司沿用传统创作方式，工作上难题不断。

在选题挖掘上，小I缺热点解析工具，为教育培训类账号创作时，手动搜索"考证"热度，很难关联"中年考证"与"35岁危机"等热点问题，凭感觉判断竞争强度，常选饱和赛道，如常规考证技巧类内容无人问津。无反套路选题库，选题千篇一律，且无风险预警，有时因选题涉敏感政策，导致账号受限，流量骤降。

标题优化时，小I手动构思，效率低，一次仅能想出一两个平淡标题，如"职场技能分享"，缺悬念、利益点和情绪标签，点击率低，也不依照平台特性优化，与小红书、知乎标题风格不符。

在文案结构设计上，小I无智能叙事引擎辅助，知识类文案难植入"认知颠覆点"，如写时间管理文案平铺直叙。不会使用留白诱导术，设置"互动卡点"，用户粘性和阅读时长低。

在互动设计环节，小I缺乏用户原创内容（UGC）激发系统，不懂检测可传播元素，话题标签随意宽泛，无有效互动指令，难以裂变传播，且仅发布纯文字内容，用户参与度低。

第 4 章 创意营销，DeepSeek 助力个人品牌塑造

据 Socialbakers 监测，2023 年社交媒体平均互动率跌破 0.98%，用户正在用"指尖投票"淘汰平庸的内容。DeepSeek 智能文案系统通过"情绪共鸣度预测 + 互动行为预判"双引擎，将文案创作升级为精准的"用户心理博弈战"。

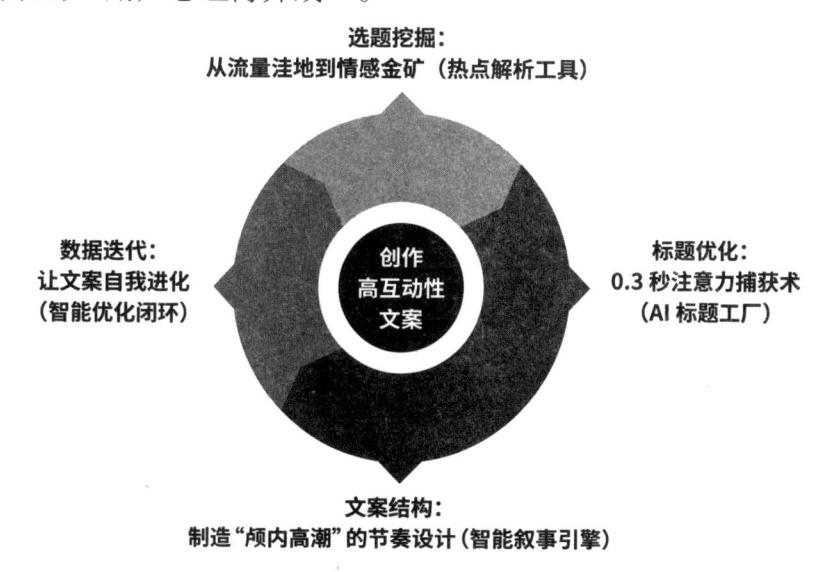

图 4-2 创作高互动性文案的要点

选题挖掘：从流量洼地到情感金矿（热点解析工具）

1. 三维热点定位法

创作者只需在热点解析工具中输入行业关键词，即可获取"平台热度 × 情绪张力 × 竞争强度"三维矩阵图。该工具整合了多平台数据，精准分析特定话题在不同平台的热度趋势。例如，对于教育培训类账号，输入"考证"相关关键词，便能清晰看到"中年考证"话题在各大平台的热度表现。同时，结合"35 岁危机"引发的集体焦虑情绪，该话题具备了强大的情绪张力。而竞争强度指标则帮助创作者了解该话题领域的竞争激烈程度，从而避开过度饱和的赛道，挖掘潜力流量洼地。通过这种三维定位，

创作者能够锁定具有高潜力的选题方向，如"中年考证如何突破35岁职业瓶颈"，精准契合用户需求，吸引大量关注。

2. 反套路选题库

热点解析工具调用超过100万的爆款模板，生成别具一格的对抗性选题。例如，在热门的职场领域，产出"职场锦鲤"这类与传统职场奋斗观念不同的选题，或者"反PUA话术"这种针对当下职场不良现象的对抗性话题。这些选题打破常规思维，引发用户强烈兴趣，在众多同质化内容中脱颖而出，为创作者开辟新的内容赛道。

3. 风险预警系统

在挖掘选题过程中，风险预警系统实时运作。它自动标注敏感词以及可能引发争议的内容点，帮助创作者规避"流量反噬"的风险。比如，当选题涉及某些敏感话题、争议性事件时，系统会及时提醒，防止因不当选题导致账号受影响，确保内容创作在合规、安全的轨道上进行。

标题优化：0.3秒注意力捕获术（AI标题工厂）

1. 神经点击率预测

AI标题工厂同时生成20版标题，并运用神经点击率预测技术，精准预测每个标题的点击通过率（CTR）数值。同时，为每个标题标注"悬念值""利益点""情绪标签"。以"30岁总监被裁当天：这3个保命技能HR不敢告诉你"这一标题为例，它运用了"数字对比+身份标签+情绪钩子"的黄金结构。"30岁总监"这一身份标签吸引目标受众，"被裁当天"与"3个保命技能HR不敢告诉你"形成强烈对比，制造悬念，引发好奇情绪，从而极大提升点击率。

2. 动态适配系统

该系统自动识别平台特性，如小红书的"种草体"强调产品推荐与分享，标题通常简洁且富有吸引力；知乎的"解构体"注重深度分析与解答，标题多为提问或观点阐述。基于此，AI 标题工厂生成符合各平台用户阅读惯性的标题矩阵。在小红书上，可能生成"必看！30 岁职场人逆袭必备的 3 个技能"这类具有种草风格的标题；在知乎则生成"30 岁总监被裁后，哪些技能能助力职场重生"这种契合知乎调性的标题，提高标题在不同平台的适配度与吸引力。

文案结构：制造"颅内高潮"的节奏设计（智能叙事引擎）

1. 峰值体验模型

智能叙事引擎使用"多巴胺释放曲线"可视化工具，确保每 50 字出现一个刺激点。在知识类文案中，巧妙植入"认知颠覆点"。例如，"你以为时间管理要精确到分钟？华为高管的日程表竟有两个小时空白"，这一表述打破大众对时间管理的常规认知，引发强烈兴趣。通过合理设置这类刺激点，让用户在阅读过程中持续保持兴奋，增强内容吸引力。

2. 留白诱导术

在关键段落，智能叙事引擎自动插入"互动卡点"，如"这个问题 99% 的人会答错，评论区敢晒答案吗"。同时，调用"悬念密度检测仪"优化提问节奏，控制悬念的设置频率与强度，引导用户参与互动，增加用户粘性与阅读时长。

3. 互动设计

传统单向传播局限多，UGC 激发系统带来变革。它把信息传递变为趣味"社交游戏",鼓励用户创作、分享,让传播从被动接收转为全民互动,极大提升大众参与热情与传播效能。

4. 裂变因子植入

UGC 激发系统使用"社交货币分析器"检测文案中的可传播元素,如猎奇、炫耀、挑战等。根据检测结果,自动生成"话题标签 + 互动指令"组合包。例如,生成 "# 职场坦白局 +@ 三个同事传递勇气",借助话题标签扩大传播范围,通过互动指令激发用户分享,实现内容裂变传播。

5. 多模态互动

该系统关联图文素材库,创作者可一键插入"投票组件""结果生成器"等互动元素,并测试不同互动形式的转化率,如测试题、抽奖、话题接龙等。通过数据对比,选择最适合文案内容与目标用户的互动形式,提升用户参与度。

数据迭代:让文案自我进化(智能优化闭环)

1. 实时战情室

文案发布后,实时战情室立即监测 30 分钟内的关键数据,如点赞或收藏比、评论情感值等。一旦发现数据异常,自动触发"紧急补丁包",对争议表述进行修改,强化利益点,及时优化文案,提升传播效果。

2. 跨平台移植系统

通过分析各平台用户行为差异,跨平台移植系统自动调整文案结构与关键词密度。例如,将知乎高赞回答改编为抖音口播稿时,根据抖音用户偏好短视频、节奏快的特点,精简内容结构,增加关键词密度,突出重点,使留存率提升 220%,实现文案在不同平台的高效传播与优化。

第4章 创意营销，DeepSeek助力个人品牌塑造

4.3 短视频脚本创作：故事性与趣味性结合

小K是自媒体工作室的短视频脚本创作者，满怀壮志想打造爆款。

工作室策划"城市角落的奇妙故事"系列短视频，小K负责其中的旧书店一期。因未用DeepSeek这类工具，他收集的资料十分有限，仅从老板处得到一些表面信息，对书店背后故事挖掘不足。

构思脚本时，他只能想出平淡框架：顾客进店翻书，与老板简单聊书后离开。想增添趣味性，却因不了解观众喜好和流行趋势，笑点生硬脱节，如老板突兀的搞笑独白，破坏故事氛围。

拍摄时，团队发现内容空洞，演员表演生硬。视频上线后，观看量、点赞和评论都极少。小K看着数据痛心疾首。他深知在竞争激烈的短视频领域，单靠自己难以成功。

在平均停留仅3秒的短视频战场，脚本创作如同"带着镣铐跳舞"：既要在15秒内讲好故事，又要让观众笑着按下暂停键。传统创作模式常陷入"有趣但无脑"或"有深度却枯燥"的两难困境，而DeepSeek的智能创作工具正是破解这一困局的密钥。

选题策略：冲突点 × 趣味点 = 传播爆点（DeepSeek应用场景）

1. 黄金公式验证

DeepSeek依托其庞大的行业数据库，对超过10万条爆款视频进行深

度剖析，从中提炼出极具传播潜力的"反常识常识化"选题模型。例如，"会计转行殡葬师"这一选题，将原本看似风马牛不相及的两个职业放在一起，打破大众对会计工作稳定、常规职业路径的认知，制造出强烈的冲突感。同时，殡葬师职业自带的神秘色彩与转行这一行为的戏剧性，又为选题增添了浓厚的趣味点，成功吸引观众的好奇心，激发他们进一步了解的欲望。通过这种冲突与趣味交织的选题，极易在传播中引发关注与讨论。

2. 智能生成器实操

创作者使用 DeepSeek 时，只需输入行业关键词，系统便会迅速生成一个反差性选题矩阵。比如输入"美妆"，矩阵中可能出现"理工科博士成为美妆博主""老年美妆达人的逆袭之路"等选题。接着，创作者可以从矩阵中筛选出用户情绪共鸣值排在前三名的选项。系统通过对大量用户行为数据的分析，能够精准判断哪些选题更易引发用户的情感共振，帮助创作者快速锁定优质选题方向，节省选题策划时间，提高创作效率。

3. 避坑指南

在选题过程中，不少创作者容易陷入强蹭热点的误区，导致内容"故事失真"。DeepSeek 配备情绪热力图，能够直观展示选题在不同受众群体中的情绪反应。例如，当创作者考虑蹭某个热点事件来创作内容时，通过情绪热力图可以看到，该热点事件在目标受众中的情绪热度虽高，但与自身品牌或创作风格契合度低，强行蹭热点可能会使故事显得生硬、不真实。此时，创作者便可借助这一工具，重新审视选题可行性，避免因盲目跟风蹭热点而破坏内容质量。

第 4 章　创意营销，DeepSeek 助力个人品牌塑造

结构设计：三幕剧框架的趣味变形（可视化工具演示）

1. 反传统节奏设计

DeepSeek 的声画同步工具为创作者提供了新颖的开场设计方案，可生成"悬疑开场 + 特效字幕"组合包。以一个美食类视频为例，开场可能是黑暗中闪烁的神秘灯光，搭配特效字幕"今晚，将揭开一道失传已久的美食秘方"，瞬间抓住观众注意力。在内容发展阶段，AI 助力压缩故事线，确保每八秒就出现一个记忆点。如在美食制作过程中，每八秒左右展示一个独特的食材处理技巧、新奇的烹饪工具使用方法等。临近结尾，通过互动预测模型对三种不同结局进行完播率测试，创作者可根据测试结果选择完播率最高的结局，提升视频整体吸引力。

2. 彩蛋植入技巧

在剧本关键帧处，DeepSeek 能自动插入"意外转折提示"。比如在一个职场剧情中，原本是严肃的会议场景，关键帧处突然提示插入卡通音效，打破严肃氛围，制造意外惊喜。

角色塑造：人格化 IP 的速成法则（智能角色库调用）

1. 六大人设标签库

DeepSeek 的职场人格模型可快速匹配六大人设标签，涵盖权威专家、热血小白、毒舌前辈等。以职场类内容创作为例，创作者若想塑造一个导师形象，可调用"权威专家"人设，该人设具备深厚的专业知识、沉稳的言行风格等特征，帮助创作者迅速构建出鲜明的角色形象。

2. 反差萌生成器

该功能将看似不相关的元素组合，打造反差萌效果。例如"程序员

说单口相声"，程序员通常给人沉默寡言、专注技术的印象，而说单口相声则需要活泼外向、善于表达，这种反差极大地增加了角色的趣味性与吸引力。

3. 台词优化工具

能将专业术语转化为"梗言梗语"。如将"KPI"转化为"老板给的爱情砒霜"，既生动形象地表达了 KPI 给员工带来的压力，又增添了语言的趣味性，让内容更贴近受众，易于理解与传播。

互动设计：让观众成为"共谋者"（多结局分支功能）

1. 埋梗监测系统

DeepSeek 可自动标注可植入弹幕梗的台词位置。比如在一个搞笑剧情中，角色说出一句经典的吐槽台词时，系统提示此处可植入热门弹幕梗，如"伤害性不高，侮辱性极强"，增强与观众的互动，提升观众参与感。

2. 分支剧情测试

创作者上传脚本后，系统生成多版本互动节点，并提供用户选择偏好预览。例如在一个冒险类故事脚本中，设置主角面临向左走还是向右走的选择，通过预览不同用户对两个选项的偏好，创作者可根据目标受众喜好优化剧情走向，提升用户体验。

3. 悬念留存工具

在视频 85% 进度条处自动插入"下集剧透彩蛋"，如"下集主角将面临前所未有的危机，他能否成功化解？敬请期待"，激发观众对后续内容的期待，提高视频的留存率与复看率。

第 4 章 创意营销，DeepSeek 助力个人品牌塑造

数据迭代：让好故事自我进化（智能优化闭环）

1. 热点嫁接系统

DeepSeek 实时抓取热点事件，然后与既有剧本进行匹配，生成改编建议。例如当某个热门话题围绕环保行动展开时，系统发现一个既有生活类剧本可与之关联，便建议创作者在剧本中融入环保相关情节，如主角参与社区环保活动等，使内容紧跟热点，提升传播热度。

2. 用户画像校准

通过完播热力图，DeepSeek 智能调整故事节奏。若热力图显示观众在某一段落停留时间过短，说明故事节奏可能过快，创作者可适当放缓节奏，增加细节描述；反之，若停留时间过长，可精简内容，加快节奏，以更好地契合目标用户的观看习惯。

3.AB 测试工厂

同时生成五个版本的差异化脚本，进行 72 小时数据追踪，最后生成优化图谱。比如针对一个产品推广脚本，分别从不同卖点呈现、情节设计等方面生成五个版本，通过分析 72 小时内各版本的播放量、互动量等数据，创作者能清晰了解不同脚本的优劣，从而对脚本进行针对性优化，提升内容质量与传播效果。

4.4 直播带货话术设计：激发购买欲望

小 M 是一名初入直播带货行业的主播，签约了一家主营美妆产品的电商公司，准备直播推广公司新推出的一款护肤套装。

直播开始，小 M 显得有些紧张。面对镜头，她干巴巴地介绍："大家好，今天给大家带来这套护肤套装，里面有爽肤水、乳液和面霜。"对于产品的成分、功效只是轻描淡写："这套护肤品有补水保湿的作用，成分还挺安全的。"没有详细说明成分对肌肤的具体好处，也未突出与其他产品相比的优势。

在讲解使用方法时，小 M 表述得十分混乱。她一会儿说"先用水，再用乳液，最后涂面霜"，一会儿又补充"其实顺序也可以根据自己习惯来"，让观众听得一头雾水，不知道到底该如何正确使用。

当观众在评论区询问价格和优惠活动时，小 M 回答得模棱两可："价格嘛，肯定是很划算的，比平时要便宜一些，而且还有赠品。"对于具体优惠力度和赠品是什么，都没有清晰告知。对于观众提出的敏感肌能否使用等问题，她也只是简单回复"应该可以"，缺乏专业和肯定的态度。

整个直播过程中，小 M 的话术毫无感染力，没有营造出紧迫感和购买欲。

第 4 章 创意营销，DeepSeek 助力个人品牌塑造

直播间用户平均决策时间仅七秒，传统话术模板正在失效：30%观众因"价格轰炸"而划走，25%因"功能堆砌"失去耐心。DeepSeek 智能话术系统通过"神经转化率预测 + 多模态情绪刺激"，重构符合大脑决策机制的"欲望唤醒公式"。

话术设计
- 痛点拆解：破解用户心理防御机制（AI 话术诊断仪）
- 流量钩子：30 秒破冰话术设计（智能话术生成器）
- 产品种草：从功能陈述到场景催眠（场景化话术引擎）
- 逼单设计：制造"不买就亏"的认知闭合（智能逼单系统）
- 数据进化：动态调整的智能话术库（实时优化系统）

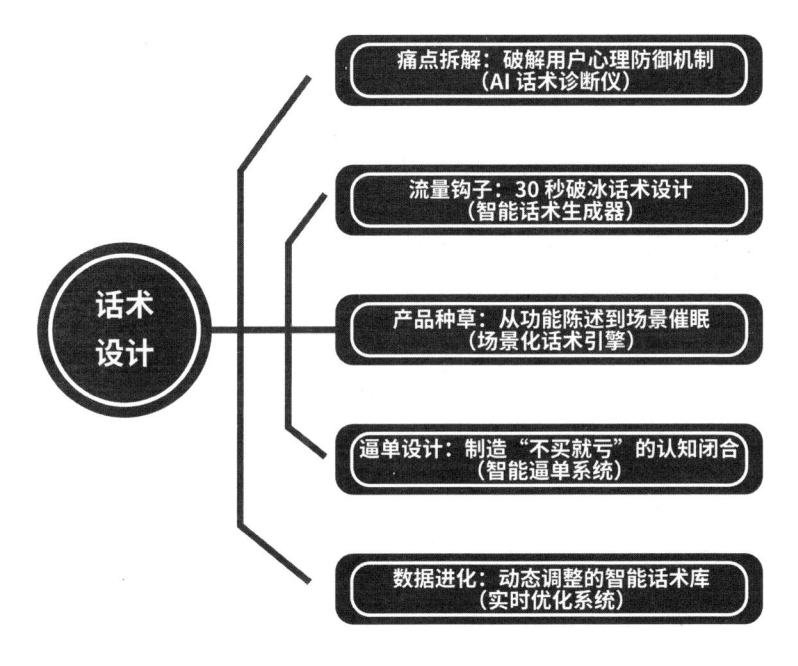

图 4-3 DeepSeek 话术设计

痛点拆解：破解用户心理防御机制（AI 话术诊断仪）

1. 防御机制热力图

销售人员只需上传历史直播录像，AI 话术诊断仪便会迅速启动分析程序。它通过对直播过程中用户行为数据的精准抓取与分析，智能标注出用户流失节点。经大量数据研究发现，用户流失主要源于"价格敏感""信任危机""注意力分散"这三大心理防御墙。以某美妆直播间为例，在第八分钟时流失率达到峰值，经 AI 分析，原来是主播在进行成分科普时讲

解时间过长，导致用户认知超载，进而失去继续观看的兴趣。通过防御机制热力图，销售人员能够清晰地看到用户在直播过程中的心理变化，定位问题根源，为优化话术提供有力依据。

2. 黄金七秒测试

输入产品关键词，AI话术诊断仪即可生成20版开场话术，并运用先进的算法预测用户停留意愿值。开场的前七秒对于吸引用户注意力至关重要，直接影响用户是否愿意继续了解产品。在生成开场话术时，系统会规避如"全网最低价"这类容易触发用户防备心理的敏感词。例如，销售一款面霜时，系统生成的开场话术可能是"今天要给大家分享一款能让肌肤焕发光彩的神奇面霜，它背后有着独特的研发故事，绝对值得你一听"，通过这种方式，巧妙地吸引用户，而不是以低价噱头引发用户怀疑。

流量钩子：30秒破冰话术设计（智能话术生成器）

1. 五感唤醒模型

智能话术生成器运用五感唤醒模型，从视觉、听觉等多个维度设计破冰话术。在视觉方面，调用色彩联想数据库，生成极具画面感的话术，如"这个腮红刷碰到脸的瞬间，就像把晚霞揉进皮肤里"，让用户能够直观地想象出使用产品后的美好效果。在听觉上，关联ASMR音效库，设计出能引发用户听觉愉悦的话术，比如"听这个开盖声，是不是像打开珠宝盒的咔嗒声"，通过独特的音效描述吸引用户注意力，营造出产品的高品质感。

2. 悬念阶梯技术

使用"悬念值监测仪表盘"，确保每30秒设置一个未解之谜，激发用户的好奇心。例如，"为什么专业化妆师从不公开这个上妆顺序"，这种话术能促使用户保持关注，想要一探究竟。同时，系统自动插入"价格锚点对比图"，通过原价划除动效以及倒计时压力，增强产品的稀缺感，让用户产生紧迫感，从而提高购买意愿。

产品种草：从功能陈述到场景催眠（场景化话术引擎）

1. 多维度痛点穿透

场景化话术引擎调用消费者评论数据库，深入提炼"隐性需求话术包"。以电动牙刷为例，它不仅强调清洁功能，更将其塑造为"避免同事闻到你午餐味道"的社交刚需，挖掘出产品在日常生活场景中的隐性价值。接着，生成"痛点—场景—解决方案"三幕剧脚本，并自动匹配产品功能点。比如，针对消费者担心牙齿清洁不彻底的痛点，构建在办公室午休后牙齿有异味的场景，然后推出电动牙刷作为解决方案，详细介绍其清洁功能如何有效解决这一问题。

2. 类比轰炸策略

输入产品参数，系统获取跨品类类比方案，将复杂的产品参数以通俗易懂的方式呈现给用户。例如，在介绍护肤品成分浓度时，类比为"高考数学最后一道大题，少一步都拿不到满分"，让用户能更好地理解成分浓度的重要性。同时，系统实时监测观众认知负荷，一旦发现用户可能对复杂术语理解困难，便自动简化表述，确保用户能够轻松理解产品优势。

逼单设计：制造"不买就亏"的认知闭合（智能逼单系统）

1. 损失厌恶激活器

智能逼单系统生成对比话术矩阵，如"现在买立省 300 元"与"错过今天多花半个月奶茶钱"，通过对比突出购买产品能带来的实际利益以及不购买所造成的损失。调用神经经济学模型，系统优选能够刺激多巴胺分泌的表达方式，让用户在情感上更倾向于立即购买。

2. 社交认证瀑布流

系统实时抓取用户评价，自动生成"信任飞轮"话术，例如"刚截屏第 832 位顾客的反馈，她说……"，借助其他用户的好评增强产品的可信度与吸引力。

数据进化：动态调整的智能话术库（实时优化系统）

1. 话术心电图监测

实时优化系统实时显示每句话术的"转化率脉冲"，精准识别高光话术模块。以某家电直播间为例，通过监测发现"妈妈省下的时间价值"这一话术使转化率提升了 37%。通过话术心电图监测，销售人员能够直观地看到哪些话术效果显著，哪些需要改进，为优化话术提供数据支撑。

2. 智能 AB 测试工坊

系统同时运行三套话术策略，每五分钟生成效果热力图。根据热力图反馈，自动优化组合最优模块，形成个性化话术基因库。例如，在销售某款电子产品时，通过 AB 测试发现，结合产品使用场景与用户痛点的话术组合效果最佳，系统便将这一组合纳入个性化话术基因库，为后续销售提供参考，不断提升销售话术的精准度与有效性。

4.5 品牌故事撰写：传递独特品牌价值

小Z就职于一家新兴的运动饮料公司，公司推出了一款名为"劲能速"的运动饮料，目标是在竞争激烈的饮料市场中占据一席之地。小Z承担起为"劲能速"撰写品牌故事的重任，期望以此提升品牌影响力。

小Z所写的品牌故事开头是这样的："在充满活力与挑战的时代，人们对健康和能量的需求愈发强烈，'劲能速'运动饮料应运而生。"此开篇过于笼统，没有点明品牌诞生的独特契机，比如是洞察到运动爱好者在运动后快速恢复能量的特殊需求，还是发现市场上现有运动饮料存在某些空白，让读者难以对品牌的起源产生清晰认知。

故事继续阐述："我们专注于为消费者提供优质的能量补充方案，助力大家释放无限活力。"然而，对于"劲能速"运动饮料在成分研发上的独特之处，比如含有哪些特殊的电解质、维生素能更高效地补充能量，以及相比其他竞品在配方上的优势，小Z却没有展开说明。仅仅强调"优质"和"助力释放活力"，显得空洞无物。

在讲述品牌的发展理念时，小Z的表述前后矛盾。先是提及品牌秉持"天然、健康"的原则，可后面介绍生产工艺时，又没有体现出如何遵循这一原则，甚至还提到使用了一些人工添加剂，让消费者对品牌的理念产生困惑。

关于品牌的发展历程，小Z也是草草带过。只是说"经过不断努力，我们的产品逐渐被市场认可"，却没有讲述在推广过程中遇到的如消费者对新品牌认知度低、竞品打压等具体困难，以及品牌是如何通过创新营销或改进产品来突破困境的。

在信息过载的数字化时代，75%的消费者更倾向选择有情感共鸣的品牌。传统文案写作耗时耗力且难以突破同质化困境，DeepSeek智能写作系统通过"AI深度分析＋创意生成"技术，帮助企业打造兼具专业性与感染力的品牌叙事体系。

精准定位核心价值

1. 痛点突破

传统方式在定位品牌核心价值时，往往依赖于主观判断，这就容易导致关键价值点的遗漏。例如，企业内部团队可能基于自身对产品的认知来确定价值主张，却忽略了消费者真正关注的痛点和需求。这种主观判断可能会使品牌在市场传播中无法精准触达目标受众，无法有效吸引消费者的注意力。

2. 智能解法

运用先进的 AI 技术，系统能够自动解析企业官网、产品资料以及海量的用户评价。在解析企业官网时，系统会抓取产品介绍、品牌理念等板块的关键信息；对于产品资料，详细分析产品特性、技术参数等内容；而在处理用户评价时，广泛收集消费者对产品的反馈、使用体验等。通过对这些数据的深度挖掘，提取高频关键词。以某科技公司为例，在分析大量数据后，提取出"极简""美学""人性""科技"等高频词。接着，通过语义网络构建品牌价值坐标系,将这些关键词相互关联,清晰地呈现出品牌在市场中的独特价值定位。最终生成价值主张雷达图,以可视化的方式直观展示品牌的差异化定位,让品牌能够精准把握自身核心价值,为后续的传播策略制定提供坚实基础。

多维数据故事化重构

1. 行业洞察

整合了超过 5000 个行业数据库以及强大的舆情监测系统,能够全面且实时地获取行业动态信息。行业数据库涵盖了市场规模、竞争格局、技术发展趋势等多方面的数据,舆情监测系统则能捕捉到消费者对品牌、产品以及行业热点事件的讨论和态度。

2. 实操路径

对于市场数据,系统将其转化为生动的成长曲线故事。比如,某品牌在过去三年中用户增长了 300%,通过绘制成长曲线,并配以简洁明了的文字说明,如"自品牌创立以来,凭借不断的创新和优质服务,用户数量逐年攀升,在短短三年内实现了 300% 的飞跃",让消费者能够直观感受到品牌的发展潜力。对于技术专利,采用时间轴叙事法演绎创新里程碑事件。例如,某科技企业在 2018 年获得了一项关键技术专利,这一专利推动了产品性能的大幅提升,系统将此事件置于时间轴上,并详细描述专利的创新点以及对产品和市场的影响。对于用户评价,系统深入提炼真实场景故事,对 UGC 内容进行戏剧化改编。比如,一位用户分享使用某产品成功解决生活难题的经历,系统将其改编为具有情节起伏的故事,突出产品在实际场景中的价值,让其他消费者更容易产生共鸣。

智能生成故事框架

1. 结构化创作

遵循"冲突构建—品牌介入—价值实现"的完整故事弧线。在冲突构建阶段，明确阐述行业痛点场景，让消费者能够感同身受；品牌介入时，详细介绍品牌的突破性方案，展现品牌的独特优势；价值实现部分，则通过讲述用户获益故事，让消费者切实看到品牌能够为他们带来的利益。

2. 模板示例

以"行业痛点场景 + 品牌突破性方案 + 用户获益故事 + 未来愿景召唤"为模板。例如，在医疗美容行业，行业痛点场景可能是"传统美容方式效果不佳且恢复时间长"，品牌突破性方案为"采用先进的无创技术，精准改善肌肤问题"；用户获益故事可以是"某位用户通过该品牌的美容服务，在短时间内实现肌肤焕新，重拾自信"；未来愿景召唤则是"致力于为更多人带来安全、高效的美容体验，引领行业新潮流"。

多风格智能适配

1. 场景化输出矩阵

根据不同的传播渠道特点，系统制定了相应的语言风格和情感浓度策略。在官网传播时，采用专业权威的语言风格，情感浓度设置为三星。因为官网是品牌展示专业形象和产品技术实力的重要平台，专业权威的语言能够增强品牌的可信度。在社交媒体传播时，运用轻松网感的语言风格，情感浓度提升至四星。社交媒体用户更倾向于轻松、有趣的内容，这种风格能够更好地吸引用户关注，引发互动。

2. 实测案例

某母婴品牌通过风格迁移技术,对广告文案进行了针对性调整。在社交媒体上,将文案风格转变为轻松网感,融入当下流行的网络用语和有趣的表达方式,广告文案转化率提升了 27%。这一案例充分证明了多风格智能适配策略的有效性,能够显著提升品牌传播效果。

动态优化故事版本

1. 数据驱动迭代

通过埋点监测不同版本故事的传播效果,包括阅读完成率、转发量、转化率等关键指标。同时,利用情感分析引擎评估受众共鸣度,了解消费者对故事内容的情感反应。例如,通过分析发现某个版本的故事阅读完成率较低,可能是故事开头不够吸引人;或者某个版本的转发量少,可能是缺乏引发分享的情感点。基于这些数据,系统自动生成 AB 测试优化建议报告,为品牌提供具体的改进方向。

2. 知识沉淀

构建企业专属故事素材库,将企业在发展过程中积累的各类故事素材,如用户案例、品牌事件等进行整理和存储。该素材库支持语义检索,品牌团队可以通过关键词快速找到相关素材,并且能够进行智能复用,根据不同的传播需求对素材进行重新组合和创作,提高故事创作效率和质量。

4.6 营销活动策划：从创意到执行的全流程

小L在一家时尚服装公司担任营销策划专员，满怀信心地接下了策划"夏日新风尚"营销活动的任务，期望借此提升品牌知名度与产品销量，却因诸多问题导致活动失利。

活动筹备前期，小L没有深入调研目标受众。主观认定年轻消费者都青睐简约风夏装，便将活动主打产品定位于此。可实际上，年轻群体时尚偏好多元，复古、街头等风格也颇受欢迎，这一错误定位使产品与部分消费者需求脱节。

宣传推广环节，小L仅在公司官网和少量社交媒体平台发布活动信息，文案平淡、配图普通，也未借助明星、网红等扩大影响力。这导致活动曝光严重不足，众多潜在消费者对活动一无所知。

活动内容方面，小L设计的满减和赠品策略不合理。满减需消费超2000元，门槛过高；赠品是质量一般且搭配度低的小饰品，难以吸引消费者。同时，活动期间店内未安排时尚搭配讲座、模特走秀等互动环节，无法吸引顾客停留参与。

对于活动现场，小L也没做好布置。店铺陈列杂乱，服装展示缺乏美感，无法凸显产品优势。工作人员对活动不熟悉，服务欠佳，不能给消费者提供有效引导。

第 4 章　创意营销，DeepSeek 助力个人品牌塑造

据 Gartner 调研数据显示，76% 的 CMO（首席营销官）认为传统营销策划已无法应对市场变化速度。DeepSeek 智能策划平台通过"数据洞察—智能生成—数字孪生测试—执行监控"全链路赋能，将平均活动准备周期从 28 天缩短至 7 天（某快消品牌实测数据），实现策略精准度与执行效率的双重突破。

表 4-1 DeepSeek 营销策划助理

功能板块	功能描述	操作方式	应用示例
智能策略生成引擎	实时抓取多数据源信息，生成"机会点热力图"和"风险预警矩阵"，输出差异化策略提案	实时抓取 200 多个数据源信息，分析搜索趋势、社交舆情、竞品动态等	某美妆品牌借"多巴胺穿搭"热度，依引擎策略推出产品与活动，活动曝光量超预期 143%
创意资产自动化工厂	构建三维创意矩阵，生成创意资产并进行智能合规检测	视觉设计结合文生图技术与智能排版；文案创作依托场景化话术库；互动玩法生成 H5 交互剧情树，配备智能合规检测功能	能快速生成 30 套主视觉方案，200 多条传播标语等，审核效率较传统人工提升 90%
数字孪生沙盘推演	构建用户行为预测模型，模拟不同营销场景及极端情况并提供应对方案	借助 LSTM 神经网络算法构建模型，模拟不同渠道组合效果及极端场景	某 3C 产品首发前测试，确定最优推广渠道策略，制定应对预案，产品首发转化率与预测误差率小于 2.7%
智能执行指挥官	自动拆解营销活动任务节点，分配资源，配备风险预警系统，支持跨部门协作	运用 WBS 工作分解结构拆解任务，采用资源调度优化算法分配人员和预算，风险预警系统自动报警，支持跨部门虚拟作战室	实时同步 200 人协作，自动识别进度偏差超 15% 的任务并报警
动态优化知识库	实智慧复盘系统进行 GAP 分析、归因定位，沉淀可复用策略模块，通过机器学习优化初始策略	通过数据仪表盘对比 KPI 生成 GAP 分析，利用归因模型定位关键因子，将复盘数据用于机器学习	节日营销活动复盘后形成节日营销 SOP 模板库，提升下次活动初始策略准确度

智能策略生成引擎

　　传统头脑风暴制定营销活动策略效率低。参会人员思维受限，讨论耗时，产出策略易与市场脱节，且由于难以及时掌握市场动态、深度分析海量数据，无法迎合消费者需求与市场趋势。

超级助理

DeepSeek 智能策略生成引擎实时抓取 200 多个数据源信息，如搜索趋势、社交舆情、竞品动态。分析搜索趋势可洞察消费者热点与需求变化；社交舆情反映消费者态度情感；竞品动态助企业了解对手策略与市场动作。基于此，系统生成"机会点热力图"，直观展示市场潜在营销机会，哪些领域消费者关注度高、需求未被满足一目了然；同时生成"风险预警矩阵"，提前识别政策变动、新进入者竞争等风险。最终输出三套差异化策略提案，含详细预算分配模型与精准 ROI 预测。例如某美妆品牌借社交媒体"多巴胺穿搭"热度，依据引擎策略推出相关产品与活动，合理分配预算推广，活动曝光量超预期 143%。

创意资产自动化工厂

DeepSeek 的创意资产自动化工厂构建三维创意矩阵。视觉设计上，文生图技术结合智能排版，能快速生成 30 套主视觉方案，依据文本描述生成图像并合理布局。文案创作依托场景化话术库，可生成 200 多条传播标语，依产品特点、消费场景、受众偏好生成针对性文案。在互动玩法方面，游戏化脚本生成功能产出 H5 交互剧情树，设计趣味互动游戏，提升用户参与度。

工厂配备智能合规检测功能，生成创意资产时，全面筛查文本、图像等，识别敏感信息与版权风险，审核效率较传统人工提升 90%，缩短产出周期，保障创意合法安全。

数字孪生沙盘推演

DeepSeek 借助 LSTM 神经网络算法构建用户行为预测模型，精准预

第 4 章　创意营销，DeepSeek 助力个人品牌塑造

测消费者在不同营销场景下的购买意愿、浏览习惯及对营销手段的反应。通过模拟 SEM、信息流、私域联动等不同渠道组合效果，企业可提前了解渠道协同作用，优化资源配置。系统还能模拟舆情危机、流量过载等极端场景并提供应对方案。如某 3C 产品首发前用该系统测试，确定最优推广渠道策略，制定舆情与流量应对预案，产品首发转化率与预测误差率小于 2.7%，验证了系统的准确性与实用性。实际案例证明，数字孪生沙盘推演系统预测营销活动效果准确性高，能助企业规避风险、优化策略，提升成功率与投资回报率。

智能执行指挥官

智能执行指挥官运用 WBS 工作分解结构，自动拆解营销活动任务节点，明确负责人与时间节点。采用资源调度优化算法，依任务难度、紧急程度分配人员，按渠道效果与成本精准投放预算。系统配备风险预警系统，自动识别进度偏差超 15% 的任务并报警，提醒团队调整。

其支持跨部门虚拟作战室，实时同步 200 人协作。不同部门人员可实时沟通、共享信息，打破沟通壁垒，确保营销活动顺利执行。

动态优化知识库

智慧复盘系统通过数据仪表盘对比预设 KPI，自动生成 GAP 分析，展示营销活动实际情况与预期效果的差距。利用归因模型定位关键成功因子，经 SHAP 值重要性排序，明确成功与需改进因素。如节日营销活动后复盘，发现某创意传播效果好，某渠道流量转化率低，基于此沉淀可复用策略模块，形成节日营销 SOP 模板库。

第5章

学术科研，DeepSeek 成为得力助手

学术科研之路充满挑战，DeepSeek 堪称得力助手。它能智能解析复杂科研文献，提供精准翻译，助力跨语言交流。在实验方案设计上，给出创新思路，优化参数配置，还能预测实验风险。从理论研究到实践操作，DeepSeek 全程相伴，大幅提升科研效率与成果质量。

> 超级助理

5.1 文献综述撰写：快速梳理研究脉络

小 N 在撰写文献综述时，没有借助人工智能的力量。他手动在学术网站上检索文献，不仅耗费大量时间，还因检索方式单一，遗漏了许多重要资料。面对海量文献，他不懂运用自然语言处理技术进行文本分析，只能逐字逐句阅读，难以快速抓住核心要点。在构建知识图谱方面，他毫无头绪，导致对研究脉络把握混乱。撰写过程中，因缺乏智能推荐与辅助，语法错误频出，结构也不清晰。最终，小 N 的文献综述不仅进度缓慢，质量也远未达到预期，白白浪费了大量精力。

文献综述是学术研究的基石，其核心在于系统性梳理领域内已有成果、厘清研究脉络并精准定位研究缺口。传统模式下，研究者需耗费大量时间人工检索文献、筛选信息并整合逻辑，效率低下且易遗漏关键内容。DeepSeek 通过智能化工具链，将文献综述的"信息整合—逻辑分析—内容生成"流程全面升级，显著提升科研效率与质量。我们主要从以下五个维度解析其核心功能：

文献检索

使用人工智能驱动的学术搜索引擎，如 Semantic Scholar 等，通过输入关键词、研究主题等，能快速准确地检索出大量相关文献，还可利用其智能筛选功能，根据文献的引用次数、相关性等指标进行排序，提高检索效率。

文本分析

借助自然语言处理（NLP）技术，如词向量模型、主题模型等，对文献进行文本分析。可以提取文献中的关键概念、研究方法、核心结论等信息，帮助快速了解文献的主要内容，把握研究重点。

知识图谱构建

利用人工智能算法构建知识图谱，将文献中的各种概念、实体及其关系以可视化的方式呈现出来。这样能够清晰地看到研究领域的知识结构和脉络，发现不同研究之间的关联和逻辑关系，有助于梳理研究的发展历程和趋势。

自动生成摘要

利用自动摘要算法，如基于深度学习的序列到序列模型，对文献进行自动摘要。生成的摘要能够概括文献的核心内容，使撰写者可以快速浏览大量文献的要点，节省阅读时间，提高文献综述的撰写效率。

智能推荐与辅助写作

人工智能系统可以根据已梳理的文献内容和研究脉络，为撰写者推荐相关的文献引用、合适的表述方式以及结构框架等。同时，还能对撰写的内容进行语法检查、逻辑校验等，辅助撰写者完成高质量的文献综述。

5.2 学术论文润色：提升语言表达质量

研究生小O在撰写毕业论文时，对语言表达的重要性认识不足，没有使用DeepSeek等工具辅助润色。论文中有很多主谓语不一致、时态混乱的句子，复杂冗长的表述让内容晦涩难懂，口语化词汇偏多更是拉低了论文的专业性。段落之间逻辑松散，缺乏必要的衔接词，论点难以突出。由于没有利用工具迭代优化，论文初稿质量堪忧。导师审阅后指出诸多问题，要求大幅修改，小O这才意识到自己的失误，不得不花费大量时间返工，严重影响了论文进度和自身心态。

学术论文的语言表达质量直接影响研究成果的可信度与传播效率。传统润色模式依赖人工逐句修改，不仅耗时耗力，且易受主观经验局限，难以系统解决逻辑断层、术语偏差、句式冗余等深层问题。DeepSeek基于自然语言处理（NLP）与领域知识图谱，构建"语法纠错—逻辑增强—风格优化"的全链路智能润色体系，助力研究者突破语言壁垒，打造专业精准的学术文本。

语法错误修正

将论文文本上传至DeepSeek平台，它会自动检测并修正语法错误，包括主谓不一致、时态错误、冠词错误等，确保论文在基础语法层面准确

第 5 章 学术科研，DeepSeek 成为得力助手

无误，为高质量的语言表达奠定基础。

表 5-1 DeepSeek 用于论文润色

核心功能	具体操作	示例	传统方法局限
语法错误修正	将论文文本上传至 DeepSeek 平台，自动检测并修正主谓语不一致、时态、冠词等语法错误	把 "he go to school" 修正为 "he goes to school"	人工逐句查找语法错误耗时耗力，易遗漏，且受主观经验影响，难以全面排查
句式优化	简化冗长复杂句子，调整句式结构，如将被动语态转换为主动语态	把 "The experiment was carried out by us" 转换为 "We carried out the experiment"	人工优化句式时由于思维局限，无法系统提升流畅度，难以精准调整句式结构
词汇替换	将口语化或普通词汇替换为专业学术词汇	把 "show" 替换为 "demonstrate" "indicate"	人工词汇替换范围有限，难以精准匹配专业词汇，且易受个人知识储备限制
逻辑衔接强化	自动分析论文段落逻辑，添加连接词、过渡句或总结句	在论述不同观点的段落之间添加 "moreover" "however" 等连接词	人工梳理段落逻辑易出现逻辑断层，难以系统增强整体逻辑性，且连贯性把握不足
反馈迭代	根据润色建议修改后，再次上传论文进行二次润色，注意需人工复核	多次修改后论文语言表达更精准	传统模式难以实现高效反馈迭代，人工复核成本高且效率低，难以持续优化

句式优化

DeepSeek 能够把冗长、复杂的句子简化为清晰、简洁的表述，使论文的语句更加流畅易懂。同时，它也可以根据需要对句式结构进行调整，如将被动语态转换为主动语态等，增强论文的表达效果。

词汇替换

使用 DeepSeek 可以将口语化内容或普通词汇替换为更专业的学术词汇，提升论文的学术性和专业性。例如，把 "Show" 替换为 "Demonstrate" "Indicate" 等，让论文的语言风格更符合学术规范。

超级助理

逻辑衔接强化

　　DeepSeek 能自动分析论文的段落逻辑，通过添加合适的连接词、过渡句或总结句等，使论点更加突出，段落之间的衔接更加自然流畅，让论文的整体逻辑更加严谨，层次更加分明。

反馈迭代

　　根据 DeepSeek 给出的润色建议进行修改后，可再次上传论文进行二次润色，不断迭代优化，直至达到满意的语言表达质量。在这个过程中，用户还需人工复核，确保润色后的内容准确无误，符合论文的研究主题和学术要求。

第 5 章 学术科研，DeepSeek 成为得力助手

5.3 科研思路启发：挖掘潜在研究方向

科研工作者小 P，一心想在生物制药领域取得突破。在确定研究方向时，他并未借助 DeepSeek 进行文献挖掘与分析。对领域内的研究热点、前沿成果，他仅凭个人经验判断，忽视了很多关键问题和潜在空白。在研究过程中，他孤立地聚焦于传统制药方法，全然不知人工智能与生物制药的关联主题及应用。面对新趋势，他毫无预见，错过布局新研究的良机。由于缺乏工具辅助生成假设，他的实验设计比较盲目。在跨学科融合上，他也没得到启发，最终研究进展缓慢，成果平平，与同领域善用工具的同行差距越来越大。

学术研究的核心价值在于发现未知、解决未竟问题，但传统科研思路生成高度依赖个人经验积累与偶然性灵感，易陷入"思维定式"或"热点跟风"的困境。DeepSeek 通过融合知识图谱、语义网络与深度学习技术，构建"知识关联—趋势预测—创新评估"三位一体的智能启发系统，助力研究者突破认知边界，系统性挖掘兼具创新性与可行性的研究方向。我们主要从以下五个维度解析其核心功能：

文献挖掘与分析

DeepSeek 可以对大量的科研文献进行深度学习和分析。通过输入相关领域的关键词或主题，它能快速梳理出文献中的研究热点、前沿成果以

超级助理

及尚未解决的问题，帮助科研人员了解当前研究的整体态势，从而发现潜在的研究空白和有待深入探索的方向。

关联主题发现

借助其强大的语义理解能力，DeepSeek 能够识别与输入主题相关的各种关联主题和交叉领域。例如，在研究人工智能与医疗的结合时，它可能会发现人工智能在医学影像分析、疾病预测模型构建等方面的潜在应用，进而启发科研人员从不同角度思考研究问题，拓展研究思路。

趋势预测

基于对历史文献和当前研究动态的分析，DeepSeek 可以预测某些研究方向的发展趋势。比如，它可能预测到某一技术在未来几年内将在特定领域得到更广泛的应用，或者某个新兴理论将对现有研究产生重大影响，这有助于科研人员提前布局，抓住潜在的研究机遇。

假设生成

DeepSeek 能够根据已有的研究成果和数据，生成一些合理的研究假设。例如，在生物学研究中，它可以根据基因表达数据和相关文献，提出关于基因功能和疾病机制的假设，为实验设计和研究方案制定提供参考，从而开启新的研究方向。

跨学科融合启发

DeepSeek 可以整合多个学科领域的知识，促进跨学科研究思路的形

第 5 章 学术科研，DeepSeek 成为得力助手

成。当输入涉及多个学科的问题时，它能够分析不同学科在该问题上的研究方法和成果，启发科研人员将其他学科的理论、方法或技术引入自己的研究领域中，创造出新颖的研究思路和方向。

表 5-2 DeepSeek 用于科学研究

功能名称	具体操作	达成效果	示例
文献挖掘与分析	输入相关领域关键词或主题，对大量科研文献进行深度学习和分析	梳理研究热点、前沿成果及未解决问题，助科研人员了解研究态势，发现潜在研究空白与待探索方向	输入某领域关键词，DeepSeek 呈现当前研究热点与潜在研究空白
关联主题发现	借助语义理解能力，识别与输入主题相关的关联主题和交叉领域	启发科研人员从不同角度思考研究问题，拓展研究思路	研究人工智能与医疗结合时，发现人工智能在医学影像分析等方面潜在应用
趋势预测	基于对历史文献和当前研究动态的分析	预测研究方向发展趋势，助科研人员提前布局，抓住潜在研究机遇	预测某技术未来几年在特定领域的应用趋势
假设生成	依据已有的研究成果和数据	生成合理研究假设，为实验设计和制定研究方案提供参考，开启新研究方向	在生物学研究中，根据基因表达数据和文献提出基因功能和疾病机制假设
跨学科融合启发	整合多个学科领域的知识	促进形成跨学科研究思路，启发科研人员将其他学科理论、方法或技术引入自身研究领域，创造新颖研究思路和方向	输入多学科问题，DeepSeek 分析不同学科研究方法与成果，启发跨学科研究思路

> 超级助理

5.4 实验方案设计：提供创新实验思路

生物制药领域的科研人员小Q，最近在进行一款新型药物的研发实验设计。他习惯于沿用传统设计模式，完全依靠自己多年积累的经验，没有借助DeepSeek等先进工具。

在确定研究方向时，小Q没有对大量科研文献进行挖掘与分析，根本没察觉到当前研究的热点与潜在空白，导致研究思路同质化严重。在探索过程中，他孤立于自己的专业领域，既未发现关联主题，也未考虑跨学科融合。面对行业趋势，他毫无预判，错失了运用新技术的机会。

最终，小Q的实验方案缺乏创新性，不仅进展缓慢，还面临诸多潜在风险，至于形成成果则遥遥无期。

实验方案设计是科研成果落地的核心环节，其创新性直接决定研究的突破潜力。传统设计模式依赖研究者经验积累与试错迭代，存在思路同质化、参数优化低效、风险预判不足等瓶颈。DeepSeek基于海量实验数据库与强化学习技术，帮助研究者跳出思维惯性，快速生成兼具创新性与可行性的实验方案。

挖掘研究空白，确定实验方向

DeepSeek可以通过对海量文献资料的快速检索和分析，帮助科研人

第 5 章　学术科研，DeepSeek 成为得力助手

员了解特定研究领域的前沿动态和研究热点。例如，在肿瘤医学研究中，传统的癌症治疗方法主要集中在手术、化疗和放疗上，但这些方法往往存在副作用大、易复发等问题。科研人员利用 DeepSeek 对肿瘤治疗领域的大量文献进行深入分析后，发现肠道微生物群与肿瘤免疫治疗之间的关系研究尚处于相对空白的阶段。基于此，科研人员确定了一项创新实验方向：研究特定肠道微生物群对肿瘤免疫治疗效果的影响。通过进一步的实验设计，有望为肿瘤治疗开辟新的途径。

借鉴多元领域，构思实验方法

DeepSeek 具有跨领域知识整合的能力，能够将不同领域的技术、方法和理念引入到实验设计中。以环境科学研究为例，在研究土壤中重金属污染的修复问题时，传统的修复方法效果有限且成本较高。科研人员借助 DeepSeek 的知识整合功能，发现可以借鉴生物工程领域的基因编辑技术。DeepSeek 分析了相关文献，提出可以通过基因编辑改造某些植物，使其具有更强的吸收和富集重金属的能力。科研人员基于此构思了一个创新实验方案：利用基因编辑技术对某种常见的草本植物进行改造，然后将其种植在受重金属污染的土壤中，观察其对重金属的吸收和去除效果。通过这种跨领域的方法借鉴，为环境科学实验提供了新的思路和方法。

模拟实验过程，优化实验设计

在实验方案设计阶段，DeepSeek 可以基于已有的知识和数据，对实验过程进行模拟和预测。比如在材料科学实验中，研究新型合金材料的性能时，传统的实验方法需要耗费大量的时间和资源来制备和测试不同成分

的合金样品。科研人员利用 DeepSeek 对新型合金的制备过程进行模拟，通过输入不同的成分比例、制备工艺参数等信息，DeepSeek 可以预测合金的硬度、韧性、耐腐蚀性等性能指标。以一种新型铝合金为例，科研人员想要提高其硬度和强度。通过 DeepSeek 的模拟，发现当调整铝合金中铜、镁等元素的比例，并采用特定的热处理工艺时，合金的性能有望得到显著提升。基于模拟结果，科研人员优化了实验设计，减少了不必要的实验尝试，提高了实验效率。

分析潜在结果，提供决策依据

DeepSeek 能够对实验可能产生的结果进行分析和评估，为科研人员提供决策依据。在心理学实验中，研究某种新型心理干预方法对青少年焦虑症状的改善效果，科研人员设计了多个不同的干预方案，包括不同的干预时长、频率和方式。利用 DeepSeek 对这些方案进行分析，它可以根据以往类似研究的数据和理论模型，预测每个方案可能导致的青少年焦虑症状改善程度，以及这些改善在统计学上的显著性和实际意义。例如，DeepSeek 分析发现，每周进行三次、每次时长为一小时的团体心理辅导方案，相比其他方案更有可能显著降低青少年的焦虑症状，且效果具有较高的稳定性和持久性。这为科研人员选择最有可能产生预期效果的实验方案提供了重要的决策依据，并帮助他们提前做好结果分析和解释的准备。

总之，DeepSeek 在实验方案设计中具有重要的作用，能够为科研人员提供创新的实验思路和方法，帮助科研人员优化实验设计，提高实验的成功率和效率。

第 5 章 学术科研，DeepSeek 成为得力助手

5.5 专利申请辅助：撰写高质量专利文案

小 R 是一家科技公司的研发人员，近日他成功研发出一款新型智能手环。在准备申请专利时，他对 DeepSeek 的功能一无所知，全程仅依靠自己摸索。他没有将智能手环的技术细节输入 DeepSeek 进行梳理，导致在撰写专利文案时，技术要点表述混乱，逻辑不清晰。

进行专利检索时，他仅通过普通搜索引擎简单查找，未能借助 DeepSeek 强大的搜索功能，全面分析同类专利，以至于无法确定手环技术的新颖性，文案中还出现不少常见错误。撰写权利要求书和说明书时，他缺乏专业指导，内容不够精准且晦涩难懂。

最终，专利申请文件因不符合规范，被驳回要求修改，极大地拖延了专利申请的进程。

撰写专利文案是科研成果转化的重要桥梁，其质量直接影响技术保护范围与商业化价值。传统的专利文案撰写依赖人工经验，存在权利要求书逻辑薄弱、创新点模糊、规避设计不足等痛点，易导致授权率低或保护范围受限。而 DeepSeek 凭借其强大的技术优势和智能分析能力，为研究者提供了全新的思路和解决方案。它能够深入剖析科研成果的核心创新点，以专业、精准的方式将这些创新转化为具有高价值的专利资产。通过 DeepSeek 的助力，专利文案的撰写不仅在逻辑结构上更加严谨，权利要求书的表述更加准确、有力，而且能够

超级助理

清晰、全面地呈现技术的创新之处，有效提升专利的授权率和保护范围，为科研成果的商业化转化奠定坚实的基础。

技术特征梳理

将发明创造的技术细节全面输入 DeepSeek，它能依据语义分析，精准提炼核心技术特征，梳理技术原理、结构组成、工作流程等关键信息，助你清晰把握技术要点，为后续专利文案撰写筑牢基础，让技术呈现更具条理。

例如，有一家专注于医疗器械研发的公司，成功研制出一款新型的便携式心脏监测设备。该设备融合了微电子技术、生物传感技术和数据分析算法，技术细节繁杂。研发团队将设备的详细技术资料输入 DeepSeek 后，它迅速通过语义分析，提炼出了设备的核心技术特征，包括高精度的生物电信号采集传感器、独特的实时心率异常分析算法，以及小巧轻便的模块化结构设计。同时，DeepSeek 还梳理出设备的工作原理，即传感器采集心脏生物电信号，经信号处理模块放大和滤波后，由分析算法进行实时监测和预警。借助 DeepSeek 的分析结果，研发团队对设备的技术要点有了更清晰的认识，在撰写专利文案时能够更有条理地阐述设备的技术优势，为专利申请做好了充分准备。

专利检索与借鉴

利用 DeepSeek 强大的搜索能力，输入发明所属领域及关键技术词，它能快速检索大量相关专利文献。通过分析同类专利，你可明确自身发明的新颖性与创造性，借鉴优质表述，规避常见错误，优化专利文案内容，

第 5 章 学术科研，DeepSeek 成为得力助手

提升专利申请成功率。

比如，一位个发明家致力于新型节能灯具的研发，设计出了一款具有独特光学结构和智能控制功能的 LED 灯。在准备申请专利时，发明家使用 DeepSeek 输入"节能灯具""LED 光学结构""智能控制"等关键技术词，DeepSeek 迅速检索出大量相关专利文献。通过对这些文献的分析，发明家发现虽然市场上已有不少节能灯具方面的专利，但自己发明的灯具在光学结构上采用了创新的微棱镜阵列设计，能大幅提高光的利用率，并且智能控制模块可根据环境光线和人体活动自动调节亮度。同时，发明家借鉴了其他优质专利中关于技术效果描述的表述方式，避免了权利要求不清晰等常见错误。最终，在 DeepSeek 的帮助下，发明家优化了专利申请文案，使自己的发明在专利申请中更具竞争力，提高了成功获得专利授权的可能性。

权利要求书撰写辅助

向 DeepSeek 描述发明的创新点之后，它能参考海量专利数据，给出合理权利要求范围建议，并提供符合专利规范的句式与表述方式。这样就能协助你清晰界定保护边界，让权利要求书既涵盖发明核心，又具备法律有效性与可操作性。

例如，某科研机构的研究团队开发出一种新型的纳米材料制备工艺，该工艺通过独特的化学合成方法和反应条件控制，能够制备出具有特殊性能的纳米颗粒。在撰写权利要求书时，团队向 DeepSeek 详细描述了工艺的创新点，如特定的原料配比、精确的反应温度和时间控制，以及独特的后处理步骤。DeepSeek 参考海量专利数据，给出了合理的权利要求范围

建议，建议团队将权利要求涵盖原料的具体配比范围、反应温度和时间的可调节区间，以及后处理步骤的关键参数等。同时，DeepSeek 还提供了诸如"一种纳米材料的制备工艺，其特征在于包括以下步骤……"等符合专利规范的句式和表述方式。在 DeepSeek 的辅助下，团队撰写的权利要求书清晰地界定了保护边界，既全面涵盖了发明的核心创新点，又具有法律有效性和可操作性，为后续的专利审查和保护奠定了良好基础。

说明书撰写优化

针对发明背景、技术方案、实施方式等内容，DeepSeek 可优化语言表达，使说明书逻辑连贯、表述准确专业。将复杂技术以通俗易懂的方式阐述出来，增加可读性，确保审查员及公众能理解发明实质，提升专利文案质量。

比如，一家科技企业研发出了一种复杂的人工智能图像识别系统，该系统涉及深度学习算法、大数据处理和图像特征提取等多个技术领域，技术内容复杂且专业性强。在撰写说明书时，企业利用 DeepSeek 对发明背景、技术方案和实施方式等进行优化。DeepSeek 将系统的工作原理以更易于理解的方式进行阐述，例如将深度学习算法类比为人类大脑对图像的学习和认知过程，通过大量图像数据的训练，系统能够识别出图像中的各种特征和物体。同时，DeepSeek 优化了说明书的语言表达，使其逻辑连贯、表述准确专业。经过优化后的说明书，不仅让审查员能够快速理解系统的发明实质，也方便了公众对该图像识别系统的了解，有效提升了专利文案的质量，增强了专利申请的竞争力。

第 5 章 学术科研，DeepSeek 成为得力助手

法律合规性审查

DeepSeek 能依据专利法规，对撰写的专利文案进行初步合规审查。检查是否符合专利申请格式要求、权利要求是否恰当、是否存在侵权风险等，及时提示问题并给出修改建议，保障专利申请文件符合法律规范，减少后续审查阻碍。

例如，一位机械工程师发明了一种新型的机械传动装置，在完成专利文案撰写后，使用 DeepSeek 进行法律合规性审查。DeepSeek 依据相关专利法规，对文案进行了全面细致的检查。它发现专利申请文件中，在附图的标注上存在格式不规范的问题，部分权利要求的表述不够清晰准确，可能导致保护范围界定不明确，并且通过与现有专利的对比分析，提示该发明在某些技术特征上可能存在与现有专利相似的情况，存在潜在的侵权风险。DeepSeek 及时给出了详细的修改建议，如规范附图标注的格式、明确权利要求的表述，以及对可能存在侵权风险的技术特征进行进一步的改进和区分。工程师根据这些建议对专利文案进行了修改完善，确保了专利申请文件符合法律规范，减少了在后续审查过程中可能遇到的阻碍，提高了专利申请的质量和成功率。

第6章

生活服务，DeepSeek 贴心相伴

生活中难题不少，别担心，DeepSeek 贴心相伴。它能依据需求，推荐靠谱的家政、维修等服务。进行旅行规划时，它能制定最优行程，预订实惠酒店。遇上生活小困惑，也能给出实用建议。凭借智能算法，它能满足多元生活需求，让生活更便捷、更美好。

超级助理

6.1 法律问题咨询：
常见法律问题解答

小 S 因遭遇房屋租赁纠纷，想寻求法律帮助。他听说 DeepSeek 能辅助解决法律问题，却未认真对待。

向 DeepSeek 描述纠纷时，小 S 十分敷衍，只简单说自己租的房子出了问题，既没提及租赁合同签订时间、租金约定，也未说明房东不当行为的细节及发生时间节点。在法规检索环节，由于信息缺失，DeepSeek 无法精准定位适用法条。进行相似案例分析时，也因问题模糊难以匹配案例。

最终，DeepSeek 给出的解答笼统、缺乏针对性，小 S 根本无法从中获得有效帮助，白白浪费了借助工具解决问题的机会，纠纷依旧悬而未决。

在生活中的方方面面，复杂的法律风险如影随形。从微妙的知识产权归属争议，到棘手的合同纠纷，人们不仅要专注于自身事务的处理，还需时刻警惕并巧妙规避这些潜在的法律陷阱。传统的法律咨询模式主要依赖人工检索与经验判断，然而这种方式存在着诸多难以忽视的弊端。例如，响应速度往往较为滞后，无法满足人们在紧急情况下的需求；咨询成本相对高昂，给咨询者带来了经济压力；覆盖的场景有限，难以全面应对各种复杂多变的法律问题。

DeepSeek 能够为人们提供全天候、场景化的法律解决方案，助力大

第 6 章 生活服务，DeepSeek 贴心相伴

家在生活中更加从容地应对各种法律挑战。

精准问题输入

向 DeepSeek 进行法律问题咨询时，清晰且详尽地阐述问题是关键。这要求提供包括事件发生的具体时间、地点，涉及的人物关系以及具体行为等在内的详尽细节。例如，某团队与一家企业合作开展项目，在项目进行过程中产生了知识产权归属纠纷。当向 DeepSeek 咨询这一问题时，需告知合作合同的签订日期，双方在合同中对于知识产权归属的具体约定条款，项目开展过程中涉及知识产权产生的具体行为，以及双方就知识产权问题产生争议的时间节点等。只有这样，DeepSeek 才能精准地把握问题的核心，为后续的深入分析提供准确且坚实的依据。

法规法条检索

DeepSeek 拥有强大的检索功能，能够依据输入的问题，在庞大的法律数据库中迅速且精准地检索相关的法律法规、司法解释以及政策文件。以一位遭遇劳动纠纷的人为例，其因工作岗位调整与单位产生争议。DeepSeek 能快速定位到《劳动合同法》及对应的实施条例，不仅如此，还能检索到当地劳动部门针对类似岗位调整问题出台的相关政策。通过梳理这些法规法条，将适用于该问题的具体法条内容以及详细的条款解读清晰呈现，为咨询者了解自身权益提供了明确的法律指引。

相似案例分析

借助其卓越的数据分析能力，DeepSeek 能够全面搜索过往的相似法

律案例。例如，有人在进行房产买卖时，因房屋质量问题与卖方产生纠纷。DeepSeek 可以迅速找到一系列类似的房屋交易案例，这些案例在房屋交易条件、纠纷情形等方面与该情况相似。通过深入分析这些案例中法院的判决思路、判决依据以及最终的判决结果，咨询者能够对自身案件的走向进行较为准确的预判，清楚知晓在类似情形下法律实践中常见的处理方式，从而更好地为后续的法律行动做好准备。

专业解答生成

基于对法规的精准检索以及对相似案例的深入分析，DeepSeek 能够生成逻辑严密、条理清晰的法律问题解答。比如，有人因自己的成果被他人擅自使用而咨询侵权责任相关问题。DeepSeek 会首先明确侵权行为的认定标准，详细阐述在该成果使用情境下的具体判断依据；接着清晰说明责任承担的方式，包括可能的赔偿范围、赔偿方式等；然后结合咨询者的具体咨询情况，给出明确的责任归属判断，并附上相应的法律依据。

风险与应对提示

在给出专业解答的同时，DeepSeek 还具备敏锐的风险感知能力，能够及时提示潜在的法律风险，并提供针对性的应对策略。例如，一家机构在完成合作项目时向 DeepSeek 进行合规咨询。DeepSeek 会明确指出在合作中可能面临的如行政处罚、民事赔偿等违规风险，同时根据该机构的具体情况，给出完善内部合规制度、加强员工法律知识培训等具体且实用的应对建议。

第 6 章 生活服务，DeepSeek 贴心相伴

6.2 心理健康疏导：缓解压力与情绪调节

小T最近工作压力巨大，时常感到焦虑，情绪也变得异常低落。他听说 DeepSeek 能进行心理健康疏导，便尝试使用。但在描述情况时，小T很不认真，只含糊提到工作累、心情不好，对于具体的压力源，比如项目截止日期迫近、与同事关系紧张等细节，都未详细说明。这使得 DeepSeek 无法运用专业模型进行精准评估，生成的疏导方案也泛泛而谈，缺乏针对性。

当小T因方案无效再次倾诉时，由于前期信息不足，DeepSeek 无法给出有效回应，小T没能得到真正的帮助，情绪问题依旧严重，甚至对这类心理辅助工具也失去了信心。

在现代快节奏的生活中，人们面临着来自工作、生活、人际关系等多方面的压力，这些压力极易引发各种情绪问题，如焦虑、抑郁、烦躁等，对心理健康造成严重影响。传统的心理健康疏导方式存在诸多局限，如缺乏及时性、针对性不足、资源有限等，难以满足人们日益增长的心理健康需求。DeepSeek 凭借其先进的技术和专业的心理健康知识体系，打造出一套高效且个性化的心理健康疏导方案，为人们在缓解压力与情绪调节方面提供了强有力的支持。

超级助理

压力与情绪精准洞察

当用户寻求帮助时，DeepSeek 引导用户深入且全面地描述自己当前的生活状况、情绪表现以及压力来源。例如，32 岁的小李在一家互联网公司工作，他向 DeepSeek 倾诉自己在近期负责的一个重要项目中，因工作任务繁重且时间紧迫，每天需要连续加班四五个小时，导致身体疲惫不堪。同时，团队内部竞争激烈，同事之间的关系也让他倍感压力，进而产生了焦虑和烦躁情绪，甚至开始怀疑自己的工作能力。DeepSeek 运用专业的心理测评工具和数据分析模型，对小李提供的这些信息进行细致入微的分析，不仅准确评估出小李当前处于高度压力状态，焦虑情绪严重，还挖掘出他潜在的对职业发展的担忧这一情绪问题和工作竞争压力源，为后续的精准疏导奠定坚实基础。

个性化疏导方案定制

基于对用户压力与情绪的精准洞察，DeepSeek 结合丰富的心理学理论、临床实践经验以及海量的成功案例，为用户量身定制个性化的心理健康疏导方案。比如，对于因工作压力导致焦虑情绪的小李，DeepSeek 制定了如下方案：在工作方面，帮助小李合理规划工作任务，采用优先级排序和时间管理技巧，将项目任务分解成具体的小目标，每天设定合理的工作量，避免任务堆积带来的压力；在情绪调节方面，推荐小李每天早晨起床后进行 15 分钟的冥想练习，晚上睡前进行 10 分钟的深呼吸放松，以缓解焦虑情绪；同时，建议小李在周末业余时间参加绘画兴趣班，通过艺术创作转移注意力，释放工作压力。这个方案充分考虑了小李的个体差异和实际需求，具有很强的针对性和可操作性。

第 6 章 生活服务，DeepSeek 贴心相伴

多元应对策略提供

　　DeepSeek 针对不同的情绪问题和压力场景，提供了多样化的应对策略。28 岁的小张在一次与同事的激烈争吵后感到愤怒不已，他向 DeepSeek 寻求帮助。DeepSeek 推荐他暂时离开争吵的办公室，到公司楼下的花园散步 20 分钟，通过适度的运动来释放负面情绪。同时，建议小张回家后将自己的感受写在日记里，以此来梳理愤怒情绪产生的原因。小张按照这些方法进行实践，成功地平复了心情，避免了因情绪失控而产生的更严重后果。对于因长期工作压力导致睡眠问题的 40 岁的赵女士，DeepSeek 给出改善睡眠环境的建议，如将卧室的灯光换成暖色调，温度调节到 22 摄氏度左右，选择柔软舒适的床上用品等，同时还提供了一些睡前放松的技巧，如听舒缓的古典音乐、进行渐进性肌肉松弛训练等，帮助赵女士提高睡眠质量，缓解压力。

实时互动陪伴支持

　　在用户进行情绪调节和压力缓解的过程中，DeepSeek 提供实时的互动陪伴服务。35 岁的刘先生在执行疏导方案的过程中，因为工作上的一次重大失误而情绪崩溃，他向 DeepSeek 倾诉自己的痛苦和自责。DeepSeek 以温暖、理解和鼓励的语言与刘先生交流，耐心倾听他的烦恼，帮助他分析失误的原因，并指出这并非完全是他个人的责任，同时调整了疏导策略，增加了一些增强自信心的训练方法，并给予刘先生信心和动力。刘先生在 DeepSeek 的陪伴和支持下，逐渐平复了情绪，重新树立起面对工作和生活的信心。

超级助理

长期跟踪与持续优化

　　DeepSeek 为用户建立长期的心理健康跟踪档案，定期回访用户，了解用户在情绪调节和压力缓解方面的进展情况。根据用户的反馈和实际情况，DeepSeek 及时调整和优化疏导方案，确保方案的有效性和适应性。比如，小李在接受 DeepSeek 疏导一段时间后，工作任务量有所减少，但他又面临了新的人际关系问题，与新同事之间沟通不畅。DeepSeek 根据小李的新情况，相应地调整方案中的目标和策略，增加了一些人际交往技巧的学习内容，以及情绪管理在人际沟通中的应用训练，持续为小李提供精准、有效的心理健康支持，帮助他逐步实现情绪的稳定调节和压力的有效缓解，以保持良好的心理健康状态。

　　DeepSeek 通过精准洞察用户的压力与情绪、定制个性化疏导方案、提供多元应对策略、实时互动陪伴以及长期跟踪优化等一系列服务，为人们在缓解压力与情绪调节方面提供了全方位、一站式的心理健康疏导解决方案。在 DeepSeek 的帮助下，人们能够更加科学、有效地应对生活中的压力和情绪问题，维护良好的心理健康，提升生活质量。

第 6 章 生活服务，DeepSeek 贴心相伴

6.3 投资理财规划：制定个性化理财方案

小 M 工作多年有了一定积蓄，一心想让钱生钱，实现财富快速增值。看到周围人在股市赚得盆满钵满，他心痒难耐，未做任何风险评估和市场调研，就一股脑把大部分积蓄投入股市。

起初，小 M 买的股票涨势不错，这让他自信心爆棚，觉得自己天赋异禀，根本没去想制定止盈止损策略。可股市风云变幻，不久后市场急转直下，股票价格暴跌，他瞬间慌了神，却不知如何是好，只能眼睁睁看着资产缩水。

股票失利后，小 M 没有反思问题，反而急切想回本。听闻虚拟货币收益惊人，便又不顾劝阻，把剩下的钱全砸了进去。他对虚拟货币的原理、市场规则和潜在风险一无所知，只看到了诱人的回报率。结果，虚拟货币市场的大幅波动让他血本无归。

小 M 投资失败的根源在于没有制定个性化理财方案。他没考虑自身的风险承受力，盲目跟风高风险投资；投资目标不明确，只盯着短期暴利；也不懂资产配置，将所有鸡蛋放在一个篮子里。这一系列失误，让他在投资路上满盘皆输，也警示着大家，投资理财切不可盲目，个性化方案是成功的关键。

相信我们都面临收入结构单一（工资、兼职收入、投资收益等）、投资精力有限、风险偏好特殊的理财挑战，传统理财服务难以

适配个人收入的波动性与长期目标需求。

DeepSeek 基于金融工程算法与个人收入特征模型，构建"场景适配—动态风控—目标驱动"的智能理财系统，将个人的能力价值高效转化为可持续财富增长，实现生活理想与财务健康的双赢。

表 6-1 DeepSeek 应用于理财规划

功能描述	痛点	解决方案	价值
财务状况全面剖析	难以全面、精准评估复杂收入结构，分析不够深入，难以为理财规划提供坚实基础	用户提供收入、支出、资产、负债详细信息，DeepSeek 运用专业模型评估	分析科研人员项目经费、版税等复杂收入，给出资产负债率、收支结余率等指标
理财目标深度挖掘	对科研人员特殊需求与科研周期波动性考虑不足，目标设定缺乏合理性与现实操作性	与用户沟通，明确短、中、长期目标，DeepSeek 依据生活阶段、风险偏好分析可行性	确定短期储备旅游资金、中期筹备子女教育金、长期实现养老无忧目标的金额与期限
投资产品智能匹配	无法根据科研人员特殊风险偏好与有限投资精力，定制个性化投资组合，投资选择单一	基于财务状况与理财目标，在金融产品库筛选匹配	为风险承受低的科研人员增加债券、大额定期存款配置；为风险偏好高的配置优质股票型基金与成长股
风险应对策略规划	难以针对科研周期波动性，有效应对市场、信用、流动性等风险，风险应对手段单一	全面评估各类投资风险，制定对应策略	防范市场波动，采用分散、定期定额投资；针对信用风险，提供评级查询；规划现金储备，应对流动性风险
方案动态跟踪调整	不能及时跟踪市场与用户情况变化，难以及时调整理财方案，无法适应科研人员动态需求	建立跟踪档案，定期监测市场、产品表现及用户财务状况变化，及时调整方案	因科研项目结题收入提升或家庭结构变动，优化理财方案

财务状况全面剖析

用户向 DeepSeek 详细提供收入来源（如工资、奖金、投资收益等）、支出项目（日常开销、房贷车贷、保险费等）、现有资产（房产、存款、股票、基金等）以及负债情况（信用卡欠款、贷款余额等），DeepSeek 运用专业财务分析模型，对这些数据进行精准量化评估，清晰呈现用户当前财务状况，包括资产负债率、收支结余率等关键指标，为后续理财规划筑牢基础。

理财目标深度挖掘

与用户深入沟通，明确短期（1～2年内）、中期（3～5年内）及长期（5年以上）理财目标。例如短期目标可能是储备旅游资金、中期目标为子女教育金、长期目标是实现养老无忧。DeepSeek依据用户生活阶段、风险偏好等因素，对这些目标进行可行性分析，合理设定目标金额及实现期限，确保目标既符合用户期望又具有现实可操作性。

投资产品智能匹配

基于用户财务状况与理财目标，DeepSeek在庞大的金融产品数据库中进行筛选与匹配。综合考虑股票、债券、基金、保险、银行理财产品等各类投资工具的风险收益特征，为用户定制个性化投资组合。

风险应对策略规划

DeepSeek全面评估投资过程中可能面临的市场风险、信用风险、流动性风险等各类风险。针对不同风险类型，制定相应应对策略。如为防范市场波动风险，建议采用分散投资、定期定额投资等方法。

方案动态跟踪调整

市场环境与用户个人情况处于动态变化中，DeepSeek为用户建立理财方案跟踪档案。定期（如每月、每季度）对市场走势、投资产品表现以及用户财务状况变动进行监测分析。

> 超级助理

6.4 健康饮食建议：根据需求定制食谱

小V一直渴望通过健康饮食来改善自身的身体状况，在听闻DeepSeek具备定制个性化食谱的强大功能后，满怀期待地开始了尝试。

在DeepSeek对其进行身体状况评估时，小V并未予以足够的重视，只是随意地报了一个身高体重的数据，对于体脂率以及是否患有基础疾病等至关重要的信息，她选择了只字不提。在描述近期的身体变化情况时，也只是含糊其辞，未能给出具体且准确的信息。

而当涉及饮食偏好与限制的沟通环节，小V觉得繁琐麻烦，仅仅简单地提了一句自己不爱吃香菜，对于其他方面，诸如口味偏好（是喜欢清淡还是浓郁，偏甜还是偏咸等）、食物过敏情况、是否有特殊的饮食文化或宗教信仰限制等，都没有进行详细的交流。

由于小V提供的信息严重缺失且不准确，DeepSeek依据这些不完整的信息生成的食谱，自然既无法精准贴合她真实的营养需求，在口味上也与她的喜好存在较大偏差。

小V按照这份食谱实施了一段时间后，发现自己的身体状况没有任何积极的变化，而且很多食物都让她难以下咽。然而，她并没有反思是自己在信息提供环节不够认真所导致的这一结果，反而一味地抱怨DeepSeek生成的食谱毫无效果，认为这是DeepSeek的问题。

第 6 章 生活服务，DeepSeek 贴心相伴

现代生活的高强度与不规律性常导致人们饮食失衡，进而引发代谢异常、免疫力下降等问题。传统饮食建议忽视了日常生活场景的特异性（如夜班工作、跨时差协作等），难以适配脑力负荷波动与健康目标的动态变化。DeepSeek 基于代谢组学分析与行为感知技术，构建"需求诊断—场景适配—动态追踪"的智能饮食管理系统，将营养科学转化为可执行的生活实践，助力人们实现"脑力续航"与"身体抗衰"的双重优化。

个人身体状况评估

用户向 DeepSeek 提供年龄、性别、身高、体重、体脂率、基础疾病及近期身体变化等信息。DeepSeek 运用专业模型和知识，分析身体状况，明确健康水平、营养需求与饮食风险，为定制食谱提供依据。

饮食偏好与限制梳理

与用户交流饮食喜好，包括食材、烹饪方式、口味偏好，同时了解食物过敏、宗教禁忌等限制。DeepSeek 据此生成符合营养需求、满足用户口味与特殊要求的食谱。

营养需求精准计算

DeepSeek 依据用户身体评估结果，参考不同年龄段、性别、活动水平的营养标准，精准计算每日所需热量、蛋白质、碳水化合物、脂肪、维生素及矿物质等营养摄入量，为食谱制定明确营养目标。

超级助理

食谱智能生成

基于上述信息，DeepSeek 在食材与食谱数据库中筛选组合，生成一日三餐营养均衡的食谱，提供食材用量、烹饪步骤及营养成分说明。

动态调整优化

DeepSeek 为用户建立饮食跟踪档案，定期沟通身体感受、体重变化等，根据新信息动态调整食谱，如冬季增加热量、体重超标时减少热量、运动量增加时提高蛋白质与碳水化合物供给，确保食谱契合用户健康饮食需求。

6.5 亲子教育指导：解决育儿常见问题

小 Q 是个活泼好动的孩子，正处于小学阶段。小 Q 妈妈在亲子教育方面一直凭着自己的主观想法行事，从不考虑科学的育儿方法和建议。

在小 Q 的生活习惯培养上，妈妈十分纵容。小 Q 喜欢玩电子游戏，常常一玩就是几个小时，作业也不认真完成。妈妈觉得孩子学习累了，玩一会儿没关系，也不限制他的游戏时间。结果小 Q 的成绩直线下滑，上课也总是走神，注意力不集中。

对于小 Q 的兴趣爱好，妈妈完全按照自己的意愿来安排。她觉得弹钢琴优雅又能提升气质，就给小 Q 报了钢琴班，根本不管小 Q 对绘画更感兴趣。小 Q 在钢琴课上总是心不在焉，敷衍了事，妈妈却认为小 Q 不努力，对他严厉斥责。

当小 Q 和小伙伴发生矛盾时，妈妈也没有正确引导。有一次，小 Q 和同学因为争抢玩具起了冲突，小 Q 动手推了同学。妈妈知道后，没有问清楚事情的缘由，就直接批评小 Q 太调皮，还让他向同学道歉。小 Q 满心委屈，觉得妈妈不理解自己，从此和妈妈的交流也越来越少。

身边的朋友建议小 Q 妈妈学习一些亲子教育知识，改变教育方式。但她却觉得自己是为了小 Q 好，那些教育理论没什么用。渐渐地，小 Q 变得越来越叛逆，亲子关系也愈发紧张，小 Q 妈妈

超级助理

却依旧没有意识到是自己教育方式不当导致的后果，依然我行我素。

人们在事业攻坚与育儿责任的双重压力下，常陷入"时间碎片化""教育方法冲突""情绪管理失衡"等困境。DeepSeek基于发展心理学理论与多模态感知技术，构建"场景适配—科学引导—情感联结"的智能育儿支持系统，将高效做事的方法论转化为家庭教育智慧，助力父母实现"高质量陪伴"与"事业发展"的协同共进。

精准诊断育儿问题

家长向DeepSeek详述孩子行为，如学习、情绪、社交方面的问题，及年龄、性格、成长环境信息。DeepSeek借助儿童发展心理学理论与海量案例，分析问题根源，判断其归属，为解决问题指明方向。

例如，赵女士向DeepSeek倾诉自己八岁的儿子明明在学校经常和同学发生冲突，还不愿意完成作业，在家时情绪也比较容易激动。赵女士还提供了明明性格比较倔强，平时成长环境中老人比较溺爱等信息。DeepSeek依据儿童发展心理学理论，结合众多类似案例进行分析，判断出明明出现这些问题可能是由于老人过于溺爱，导致他以自我为中心，缺乏规则意识，同时在学习上可能没有养成良好的习惯，从而导致情绪不稳定。通过这样的分析，为后续解决明明的问题指明了方向。

定制个性化教育方案

依据诊断结果，DeepSeek结合孩子个性、学习风格及家庭状况，生成专属亲子教育方案。例如，为好动、注意力不集中的孩子设计专注力训

第 6 章 生活服务，DeepSeek 贴心相伴

练游戏、规划作息；建议性格内向孩子多参加亲子户外活动，鼓励社交。

以孙先生的女儿悦悦为例，悦悦今年六岁，性格内向，在幼儿园里总是不敢和其他小朋友交流玩耍。DeepSeek 根据对悦悦情况的诊断，结合她的性格特点以及家庭中父母平时比较忙，陪伴时间相对较少的状况，生成了专属的教育方案。方案中建议孙先生每周安排两次亲子户外活动，如去公园野餐、爬山等，在活动中鼓励悦悦主动和其他小朋友打招呼、交流；同时，还为悦悦设计了一些简单的社交类游戏，如角色扮演游戏，帮助她提高社交能力和自信心。

提供亲子互动策略

为构建良好亲子关系，DeepSeek 给出多样互动策略。针对孩子不爱阅读的实际，推荐亲子共读，介绍选书及阅读互动技巧；孩子逆反时，指导家长运用积极倾听、共情等有效沟通方式，缓解矛盾。

李先生的儿子浩浩九岁了，特别不喜欢阅读，每次让他看书就很抵触。李先生向 DeepSeek 求助后，DeepSeek 推荐了亲子共读的方式，并详细介绍了如何根据浩浩的兴趣爱好选择合适的书籍，比如浩浩喜欢恐龙，就选择一些关于恐龙科普的有趣绘本。在阅读过程中，还教给李先生一些互动技巧，如提出有趣的问题引导浩浩思考，和浩浩一起讨论书中的情节等。通过实施这些策略，浩浩对阅读的兴趣逐渐提高，和李先生的亲子关系也更加融洽。

开展育儿知识科普

鉴于家长常因知识不足而困惑，DeepSeek 能够系统科普儿童生理、

心理发展规律，分享科学教育理念与方法，助力家长树立正确育儿观，提升教育能力。

周女士在育儿过程中总是对孩子的一些行为感到困惑，比如孩子在三岁左右出现的"Terrible Two"（可怕的两岁）表现，爱发脾气、不听话。她通过 DeepSeek 了解到这是孩子自我意识发展的正常表现，在这个阶段孩子开始有自己的想法，但又不具备全面表达和控制情绪的能力。DeepSeek 还向周女士分享了一些科学的应对方法，如给予孩子适当的选择权利，转移孩子的注意力等。通过这些育儿知识的科普，周女士对孩子的成长规律有了更清晰的认识，也更懂得如何科学地教育孩子。

持续跟踪调整方案

育儿过程动态多变，DeepSeek 为家庭构建育儿档案，定期回访，依据孩子变化及方案实施效果，适时调整教育策略，让方案契合孩子成长节奏，解决育儿难题。

钱先生的孩子在按照 DeepSeek 制定的改善方案实施一段时间后，原本不爱学习的情况有了一些改善，但最近又出现了新的问题，对学习新知识有畏难情绪。DeepSeek 在定期回访中了解到这一情况后，查看钱先生孩子的育儿档案，分析之前方案的实施效果，发现随着孩子学习内容难度的增加，原有的鼓励方式和学习计划可能不再适用。于是，DeepSeek 适时调整了教育策略，为孩子制定了更具针对性的学习计划，采用分阶段逐步挑战的方式，同时增加了一些更具体的奖励机制，以帮助孩子克服畏难情绪，新的方案更契合孩子当前的成长节奏。

第7章

语言学习，DeepSeek 打破语言障碍

在语言学习旅程中，DeepSeek 是破除障碍的利器。它利用多模态预训练机制，融合文本、语音、视觉等，让学习更立体。它能提供精准的语法讲解，帮你定制专属学习路径，还可模拟真实语言环境练习对话。无论夯实基础还是高阶提升，DeepSeek 都助你高效打破语言壁垒，畅行全球。

7.1 外语语法讲解：深入理解语法规则

小 X 一心投入到雅思备考中，然而在学习过程里，他却严重低估了语法学习的重要性。

在借助 DeepSeek 进行学习时，小 X 态度十分消极。他从不主动对语法知识进行系统梳理，每次面对 DeepSeek 呈现的语法内容，都只是匆匆一瞥。当看到语法相关的例句时，他也懒得去深入分析句子结构、语法运用以及逻辑关系，完全没有充分利用这些珍贵的学习资源。

遇到像虚拟语气这类雅思语法中的难点知识时，小 X 没有选择勇敢面对、努力攻克难关，而是直接跳过，自欺欺人地逃避问题。DeepSeek 为他提供了个性化的语法练习，旨在帮助他强化薄弱环节，可他却拒绝认真去做，觉得这些练习既麻烦又没必要。

更糟糕的是，在学习过程中遇到疑问时，小 X 也不愿意向 DeepSeek 进一步请教或者寻求其他帮助。就这样，随着学习的推进，他的语法漏洞越来越多，没有构建起完整的语法知识体系。

到了雅思考试的时候，小 X 语法基础不扎实的问题暴露无遗，在写作和听力等部分频繁出现语法错误。最终，他的雅思成绩很不理想。

第 7 章 语言学习，DeepSeek 打破语言障碍

传统外语语法教学常陷入"规则机械记忆"与"真实语境脱节"的困境，学习者易形成"知识点碎片化""应用僵化"等瓶颈。DeepSeek 基于认知语言学理论与多模态交互技术，构建"语境解构—规则推演—动态纠偏"的智能语法学习系统，将抽象语法转化为可感知的思维框架，帮助学习者突破"形式记忆"桎梏，实现"理解—内化—创造"的深度学习闭环。

系统梳理语法知识

向 DeepSeek 输入外语语法范畴，如"英语一般现在时构成与用法"，它依据专业知识库，呈现语法规则全貌，包括句式结构、动词变化及适用场景，帮学习者构建清晰语法认知。

深度剖析丰富例句

DeepSeek 提供契合语法规则的地道例句，涵盖多元场景。如法语直陈式现在时例句，展示语法实际运用，通过分析句子成分和语义，增强学习者对语法的感性理解。

突破语法重难点

面对复杂语法知识点，像德语格位变化、日语敬语体系，DeepSeek 用图表、案例直观解释。制作格位关系图说明德语格功能及搭配介词，对比语境讲解日语敬语差异，助力攻克难点。

超级助理

设计个性化练习

DeepSeek 依学习者语法进度与薄弱点定制练习。若学习者不擅长英语定语从句，它能够生成含多种题型、难度递进的题目，并提供答案与解析，巩固知识、强化应用。

实时答疑解惑

学习中遇语法疑问，如西班牙语虚拟式用法，向 DeepSeek 提问，它快速给出解答，附背景知识与常见错误示例，清除学习障碍，维持学习连贯性。

表 7-1 DeepSeek 应用于外语语法学习

功能	操作	作用	示例
系统梳理语法知识	输入外语语法范畴，如"英语一般现在时构成与用法"	依据专业知识库，呈现语法规则全貌，包括句式结构、动词变化及适用场景，帮学习者构建清晰语法认知	输入英语一般现在时相关内容，DeepSeek 展示其完整规则
深度剖析丰富例句	提供契合语法规则的地道例句，涵盖多元场景	通过分析句子成分和语义，增强学习者对语法的感性理解	提供法语直陈式现在时例句，辅助学习者理解
突破语法重难点	面对复杂语法知识点，用图表、案例直观解释	助力攻克语法难点，如德语格位变化、日语敬语体系等	制作格位关系图解释德语格功能及搭配介词，对比语境讲解日语敬语差异
设计个性化练习	依据学习者语法进度与薄弱点定制练习	生成含多种题型、难度递进的题目，并提供答案与解析，巩固知识、强化应用	若学习者不擅长英语定语从句，DeepSeek 定制相关练习
实时答疑解惑	学习中遇语法疑问时提问	快速给出解答，附背景知识与常见错误示例，清除学习障碍，维持学习连贯性	如对西班牙语虚拟式用法有疑问，提问后 DeepSeek 解答

第 7 章 语言学习，DeepSeek 打破语言障碍

7.2 口语练习陪练：纠正发音与表达错误

长期以来，小 X 过度依赖传统的口语训练方式。他常常寻找伙伴进行对话练习，可由于缺乏及时有效的沟通机制，对方给予反馈的时间总是严重滞后。这就导致他在交流过程中，即使陷入了中式表达的误区，也难以在当下察觉并加以纠正。例如，在一次讨论旅行计划的对话中，他频繁使用一些直接从中文直译过来的英语表达，尽管交流磕磕绊绊，他却浑然不觉自己的问题所在。

当小 X 开始尝试使用 DeepSeek 这一先进的学习工具时，本应是提升口语的良好契机，可他却没能好好把握。面对 DeepSeek 提供的精准发音指导，他觉得繁琐，直接选择跳过，完全忽视了标准发音对于口语表达的重要性。在跟读练习环节，他态度敷衍，只是机械地模仿，根本没有用心去体会语音语调的变化。当 DeepSeek 给出详细的错误分析报告时，他看都不看一眼，对于报告中指出的发音错误、语法漏洞以及表达不自然等问题，丝毫没有改进的意愿。同时，对于 DeepSeek 依据他的学习情况量身定制的个性化提升方案，他也不屑一顾，没有按照方案中的建议进行有针对性的训练。

日子一天天过去，小 X "听得懂却说不出" 的口语困境依旧没有得到任何改善。每次试图用英语表达自己的想法时，他还是会感到词不达意，结结巴巴。曾经渴望提升口语表达能力的热情，也

> 超级助理

在一次次的无效尝试中逐渐消磨,而他的口语水平,终究还是停留在了原地,没有丝毫进步。

传统口语训练常受限于"反馈滞后""场景单一""纠错表面化"等难题,学习者易陷入"自说自话"或"中式表达"的困境。DeepSeek 基于语音计算与自然语言生成技术,构建"实时诊断—多维纠偏—情境强化"的智能口语教练系统,将机械重复升级为认知重塑过程,帮助学习者突破"听得懂却说不出"的哑巴外语瓶颈。

精准基础发音指导

告知 DeepSeek 要练习的外语,它依据发音规则和音素特点,借助音频、视频展示发音部位和口型,针对母语发音干扰给出调整建议,帮助学习者纠正发音偏差,奠定发音基础。

高效跟读模仿练习

DeepSeek 提供丰富跟读素材,学习者跟读时,它运用语音识别技术实时对比发音,一旦发现元音发音不到位、辅音吞音等问题,立即暂停并指出,再重复正确发音,助力提升发音准确性与流利度。

真实对话模拟训练

设置购物、旅游等常见对话场景,DeepSeek 根据场景需求和学习者水平生成回应,在对话中关注发音及表达的准确、地道性,及时纠正语法错误及不地道表达,提升口语交流能力。

第 7 章 语言学习，DeepSeek 打破语言障碍

详细错误分析反馈

练习结束后，DeepSeek 汇总发音和表达错误，以报告呈现错误类型、频率及改进建议，针对发音错误标注音素偏差，提供绕口令等强化练习素材，减少错误。

定制个性化提升方案

基于练习历史和错误分析，DeepSeek 为学习者定制方案。若表达逻辑欠佳，安排逻辑连接词训练及论述方法指导；若发音有难点，聚焦难点音素强化练习，推荐训练课程或软件，助力提升口语水平。

表 7-2 DeepSeek 用于外语口语练习

功能	操作	作用	示例
精准基础发音指导	告知 DeepSeek 练习外语	依发音规则、音素特点，用音频、视频展示发音部位、口型，针对母语干扰提调整建议，打牢发音基础	学英语时，DeepSeek 纠正发音偏差
高效跟读模仿练习	跟读 DeepSeek 提供的素材	借语音识别实时对比发音，指出元音、辅音发音问题并纠正，提升发音准度与流利度	跟读英语文章，DeepSeek 即时纠错
真实对话模拟训练	设置购物、旅游等常见场景	DeepSeek 按场景需求和学习者水平回应，纠正发音、语法及表达问题，提升口语交流能力	旅游场景中，纠正不地道表达
详细错误分析反馈	练习结束后	DeepSeek 汇总发音和表达错误，以报告呈现类型、频率与改进建议，针对发音错误标注音素偏差，提供强化素材	练习后生成报告，附绕口令练习
定制个性化提升方案	依练习历史和错误进行分析	为学习者定制方案，针对表达逻辑或发音难点，安排训练或推荐课程	针对表达逻辑欠佳，安排逻辑连接词训练

> 超级助理

7.3 翻译技巧提升：
实现精准翻译

小 Z 身为一名翻译工作者，本应不断追求卓越，提升自己的翻译质量，然而他却未能充分认识到借助高效工具的重要性，对 DeepSeek 这一强大助力采取了轻视的态度。

在理解源语言文本时，小 Z 行事极为草率。他既不深入剖析文本中的语法结构，也不结合上下文仔细斟酌词义，往往仅凭主观臆断随意选择词义。

在使用 DeepSeek 的翻译功能时，小 Z 同样敷衍了事。他从不将 DeepSeek 给出的译文与自己的翻译进行对比分析，错失了发现自身不足和学习优秀表达的机会。即便是面对专业文本，他也不参考 DeepSeek 提供的专业译法，固执地坚持自己并不准确的翻译方式。比如在翻译一份法律合同文本时，DeepSeek 给出了规范且专业的法律术语译法，他却视而不见，依旧使用自己习惯的、不够准确的表达方式。

翻译完成后，小 Z 的校对工作也做得极不认真。对于译文中明显的语法错误和读起来不自然的表达，他选择视而不见，没有进行仔细的修改和润色。这种不负责任的态度使得他的翻译作品质量大打折扣。

此外，小 Z 完全不重视从 DeepSeek 中学习翻译规律。他既不总结 DeepSeek 中常见的翻译模式，也不认真分析自己的错误

第 7 章 语言学习，DeepSeek 打破语言障碍

案例，从中吸取教训。在日常工作中，他也缺乏持续练习和积累的意识，翻译水平一直停滞不前。

在全球化浪潮汹涌澎湃、多元文化深度交融的当下语境中，精准翻译恰似跨语言交流广袤海洋上的"黄金罗盘"，为不同语言背景的人们搭建起理解与沟通的坚实桥梁，引领着交流的方向。DeepSeek 语言模型凭借前沿科技与深厚学识的完美融合，将神经机器翻译技术的高效精准与人类语言学智慧的细腻精妙有机结合，正以一种开创性的姿态，重新定义并重塑着翻译质量评估的行业标准，为翻译领域带来全新的变革与无限的可能。

深入理解源语言文本

1. 剖析语法

借 DeepSeek 语法分析功能，厘清句子成分、词性、时态及语态等，明确复杂长难句核心成分与修饰、从句关系，避免理解偏差。

2. 吃透词汇

用 DeepSeek 查词汇释义、同（反）义词与搭配，留意多义词及文化内涵，依语境选词义。

3. 掌握背景

通过 DeepSeek 了解源语言国家历史、地理、习俗、宗教等，助于准确翻译含有文化内涵的词汇与表达。

超级助理

巧用 DeepSeek 翻译功能

1. 对比译文

输入文本历查看多种结果,分析词汇、句式、表达差异,选择契合目标语言习惯的译文。

2. 参考专业译法

针对医学、法律等专业文本,借 DeepSeek 获取专业术语与常用表达,确保翻译精准。

3. 灵活调整策略

依文本特点与翻译目的,结合结果,对文化特色内容采用意译、音译、加注等方法。

翻译后校对优化

1. 查错

利用 DeepSeek 语法检查功能,排查译文语法、拼写错误,保证语法准确规范。

2. 优化表达

借助同义词替换,提升词汇准确性与生动性,调整不自然句式,增强可读性。

3. 原文译文对照

仔细比对,确保信息无遗漏、无错误,关键细节翻译精准。

第 7 章 语言学习，DeepSeek 打破语言障碍

学习 DeepSeek 翻译规律

1. 总结模式

观察 DeepSeek 对相似文本的翻译，归纳常见句式、搭配、语法的翻译模式，应用于实践。

2. 分析错例

对错误结果剖析原因，吸取教训，加深对翻译难点的理解。

3. 探究特殊处理

关注其对习语、隐喻等特殊表达的翻译方法，借鉴经验。

持续练习积累

1. 专项练习

针对薄弱点，利用 DeepSeek 设计练习，如复杂长句翻译，提升翻译能力。

2. 建语料库

整理自己与 DeepSeek 的优秀译文，分类归纳，定期回顾，丰富知识储备。

3. 阅读佳作

借 DeepSeek 搜索优秀翻译作品，学习技巧，培养语感与审美，提升翻译水平。

超级助理

7.4 外语写作批改：优化文章结构与用词

小S满怀信心地准备跨文化写作比赛，却未意识到DeepSeek能带来的助力，固执地独自摸索，最终铩羽而归。

在撰写英语议论文时，小S的文章结构不够合理。论点与论据之间缺乏逻辑关联，仿佛随意拼凑，段落划分毫无章法，比较生硬，如同生拉硬拽，让人读来一头雾水。

词汇运用上，他更是错误频出。不仅拼写错误时有发生，还总是反复使用简单词汇，毫无文采可言，使得文章内容干瘪枯燥。

句式方面，小S的文章基本都是简单语句的堆砌，缺乏变化与层次感，读起来味同嚼蜡。

在风格和语气的把握上，他同样一塌糊涂。本应严谨的学术论文，被他写成了散文风格，语气也忽强忽弱，毫无连贯性和专业性。

就这样，小S的作品因诸多硬伤，质量远未达标，在比赛中早早便被淘汰。这次经历也让他深刻意识到，合理借助工具，提升写作能力的重要性。

在跨文化写作的复杂情境下，创作出优质的文本绝非易事，这就好比打造精密的瑞士钟表一般，不仅要确保整体架构在逻辑上严丝合缝，如同钟表的齿轮精准咬合，有着严谨的秩序；还得注重微观层面的措辞运用，让每一个词汇都能像钟表的零件那样精确适配，

第 7 章 语言学习，DeepSeek 打破语言障碍

恰到好处。而 DeepSeek 智能写作系统凭借其独特的优势，将认知语言学理论与生成式 AI 技术巧妙融合，正以一种创新性的姿态，重塑着外语写作质量评估的模式，为这一领域带来全新的变革与思考。

整体结构剖析

1. 框架判定

DeepSeek 能够判定文章结构是否匹配总分总、问题解决等常见模式。像英语议论文，能明确论点、论据、结论，梳理各部分逻辑关系。

2. 段落评估

审视段落划分合理性，查看段落间过渡词使用情况，对衔接欠佳处，建议添加过渡句。

逻辑关系梳理

1. 论点论据关联

衡量论点与论据关联度，如在环保论述文里，判断环境污染案例能否有力支撑论点。

2. 论证合理性

剖析论证是否严谨，指出以偏概全、因果倒置等逻辑问题，给出改进思路。

词汇优化

1. 准确性核查

DeepSeek 核查词汇运用准确性，辨析 "Effect" "Affect" 等易混词，

纠正错误用词。

2. 丰富度提升

评估词汇丰富度，针对高频词，推荐同义词或近义词替换，如将"Good"换成"Excellent"。

句式改进

1. 结构分析

分析句式多样程度，当句式单一时，建议增添复合句等复杂句式，合并简单句，明确逻辑。

2. 复杂性增强

检查句式复杂程度，为过简句式提供使用非谓语动词、定语从句等改写方案。

风格与语气调适

1. 风格统一

依据文章类型和受众，检查写作风格是否一致，不一致时提出调整建议，如学术论文要严谨，产品推广文案可活泼。

2. 语气连贯

保证文章语气连贯，商务信函需礼貌专业，演讲稿应富有感染力，语气突变时提示修正。

第 7 章 语言学习，DeepSeek 打破语言障碍

7.5 语言文化知识学习：拓宽文化视野

小 L 满心期待着拓宽自己的文化视野，然而，面对强大的 DeepSeek 助力工具，他却未能充分挖掘其价值，最终收效甚微。

在阅读环节，小 L 只是流于表面。他随意地翻看 DeepSeek 上的几篇文章，对其中蕴含的丰富文化元素，既不深入剖析其内涵，也未将不同文本进行对比分析，错失了从多元角度理解文化的契机。

观看视频时，小 L 缺乏明确的目标。他盲目地挑选视频，没有带着思考去提取其中的文化信息，更没有针对感兴趣的主题进行专题研究，让珍贵的学习资源白白浪费。

在 DeepSeek 提供的文化论坛中，小 L 也表现得比较消极。他不积极参与讨论，更不愿意分享自己所掌握的知识，无法在思想的碰撞中深化对文化的理解。

分析文化现象时，小 L 仅仅停留在浅层次，没有进一步探究背后的历史、社会等根源。在进行文化相关创作时，他也没有借助 DeepSeek 的辅助，凭借着有限的知识储备独自摸索。

就这样，尽管花费了时间和精力，小 L 对各类文化依旧停留在一知半解的状态，文化视野丝毫没有得到拓展。这次经历也警示着我们，若想真正拓宽文化视野，必须充分、有效地利用身边的资源与工具。

超级助理

在全球化进程高歌猛进的 3.0 时代，语言能力早已超越了单纯的沟通工具范畴，演变为"文化认知力"的生动具象与鲜明表征。语言不仅是表达的媒介，更是洞察不同文化深层内涵的窗口。DeepSeek 文化认知系统以前沿科技为驱动，深度整合认知语言学理论的深厚学养与文化维度模型的多元视角，以前所未有的创新姿态，重塑着跨文化学习的底层逻辑，为这一领域带来了全新的变革与发展机遇。

阅读相关文本

1. 多元文本涉猎

借助 DeepSeek 广泛阅读文学作品、历史传记等，从多维度感受文化。读文学作品可洞悉社会风貌，借历史传记了解人物与文化的关联。

2. 文化元素剖析

阅读时，运用 DeepSeek 剖析文本中的宗教、习俗等文化元素，如西方中世纪文学作品里的基督教文化、骑士精神及其在当时的社会地位。

3. 跨文化文本对比

对比不同文化背景的文本，由 DeepSeek 分析异同，如对比中国古典诗词和西方十四行诗，明晰文化价值观与审美差异。

观看主题视频

1. 优质视频筛选

利用 DeepSeek 搜索文化纪录片、历史电影等语言文化视频。纪录片展现文化景观，电影呈现文化氛围，语言学习节目融入文化知识。

2. 文化信息提取

观看时借助 DeepSeek 提取文化信息，如观看日本茶道纪录片，理解其蕴含的文化价值观及与宗教、艺术的联系。

3. 文化专题研究

依据兴趣，借 DeepSeek 围绕特定文化主题收集视频开展研究，如以"美国牛仔文化"为主题，探究其起源与发展。

参与语言文化交流论坛

1. 平台查找

用 DeepSeek 寻找语言文化学习相关论坛、群组，这些平台汇聚不同背景学习者，可以分享语言学习经验与文化见解。

2. 积极互动

在论坛积极参与讨论，借助 DeepSeek 组织观点，与他人交流。比如讨论中国春节文化，可了解国内外不同视角的习俗及影响。

3. 成果分享

将通过 DeepSeek 学到的文化知识分享到论坛，巩固知识，从反馈中完善认知，促进文化交流。

分析文化现象背后的原因

1. 挖掘历史根源

借 DeepSeek 深挖文化现象的历史根源，如理解欧洲爵位制度文化，研究中世纪封建制度的影响。

2. 探讨社会因素

借助 DeepSeek 分析政治、经济等对文化的影响，以美国多元文化为例，分析移民政策等的作用。

3. 考量地理环境

利用 DeepSeek 探究地理环境对文化的塑造，如沿海地区海洋文化与内陆山区民俗文化，认识文化多样性。

创作与文化相关的内容

1. 文化主题写作

围绕特定文化主题，利用 DeepSeek 进行写作，它可整理思路、查找资料、规范表达并审核文化观点，如创作中印文化交流的文章。

2. 文化展示制作

借助 DeepSeek 辅助制作 PPT 等展示作品，如制作法国卢浮宫 PPT，提升对法国文化艺术的认知与信息整合能力。

3. 文化创意开展

结合语言文化知识，利用 DeepSeek 开展创意活动，如编写古希腊神话剧本，深入理解文化内涵。

第8章

前沿探索，DeepSeek 的未来应用拓展

在前沿探索的征程上，DeepSeek 正积极拓展未来应用版图。它将凭借先进的智能技术，深度融入医疗健康，助力疾病精准诊断与个性化治疗；在智能交通领域，优化出行规划，提升运输效率；于太空探索中，协助数据分析，解锁宇宙奥秘。其应用拓展前景无限，将重塑未来生活与科研格局。

8.1 人工智能与行业融合趋势展望

小 B 在医疗行业工作，面对人工智能浪潮，却拒绝接纳。在诊断时，从不借助深度学习系统分析医学影像，仍凭经验，导致诊断效率低、易出错。在药物研发项目中，不利用大数据筛选靶点，进展缓慢。反观同行借助 AI，快速精准诊断，高效推进研发。小 B 因固步自封，在行业发展中逐渐落后，患者满意度也越来越低。

人工智能与行业融合
- 医疗行业：迈向精准医疗
- 金融领域：智能服务与风控进阶
- 教育行业：个性化学习与智能教育拓展
- 制造业：智能制造推动产业升级
- 服务业：智能服务优化用户体验

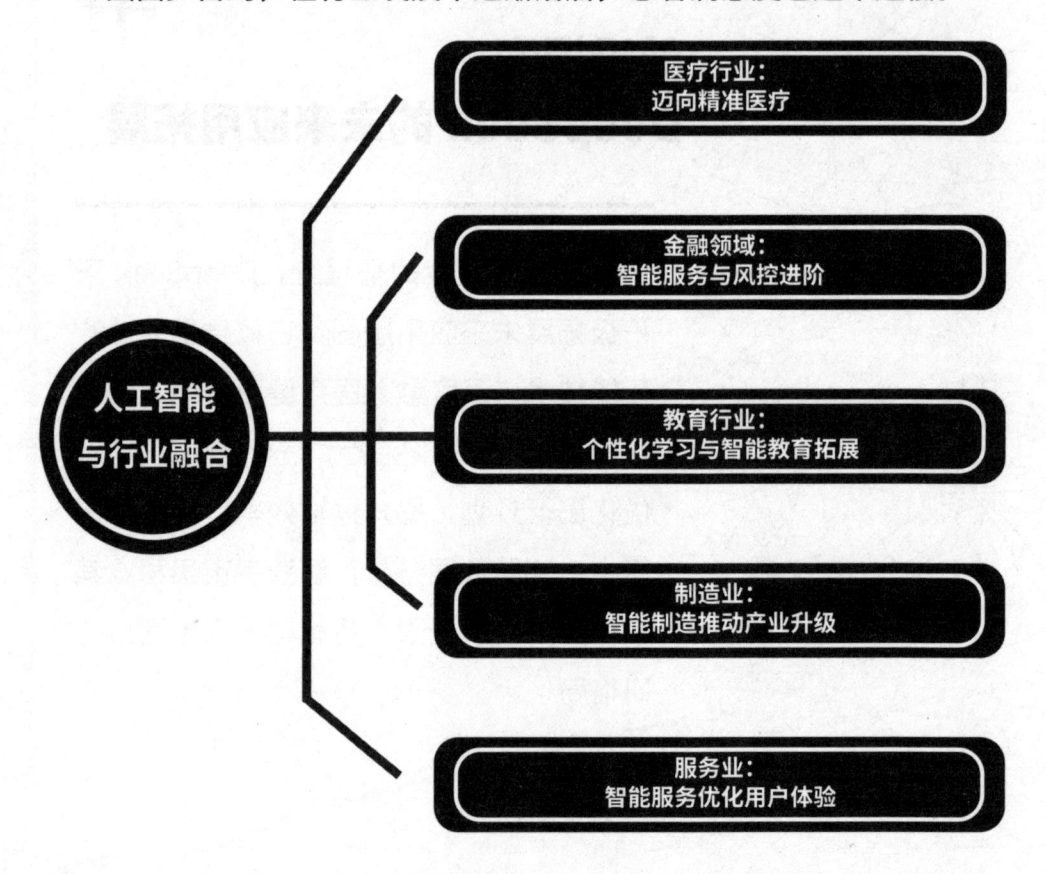

图 8-1 人工智能与不同行业融合

第 8 章 前沿探索，DeepSeek 的未来应用拓展

当AI技术的渗透率成功跨越了具有关键意义的奇点阈值后，行业所经历的变革不再是以往那种平稳、渐进的线性增长模式，而是迎来了一种更为深刻、彻底的跃迁式变革，这意味着行业发展的底层逻辑和基本模式发生了根本性改变。

DeepSeek行业智能体凭借其创新的理念和强大的技术实力，精心打造出了"技术—场景—价值"三位一体的深度融合模型。这一模型将技术创新、应用场景以及价值创造紧密地结合在一起，打破了传统产业升级过程中各个环节相对独立的局面，从根本上重塑了产业升级的底层逻辑，为产业发展提供了全新的思路和动力。

医疗行业：迈向精准医疗

人工智能将深入医疗领域。其可深度学习医学影像，助医生快速精准诊断，提升效率与准确率。在药物研发时，借助大数据与模拟筛选靶点，加速进程、降低成本，变革传统医疗。

金融领域：智能服务与风控进阶

金融行业广泛应用人工智能。智能客服凭自然语言处理，快速响应并提供个性化服务；机器学习算法实时监测市场，精准评估风险支持决策；智能投顾用大数据和算法，为投资者定制组合，提高投资效率。

教育行业：个性化学习与智能教育拓展

人工智能重塑教育方式，助力个性化学习。智能教育平台可以依据学生数据定制学习计划与资源。VR、AR打造的虚拟环境让学习更生动，

提升学生积极性，推动智能教育普及。

制造业：智能制造推动产业升级

在制造业中，人工智能将融合工业互联网与物联网。智能工厂借传感器、机器人及人工智能，实现自动化、智能化生产，提效降本保质量。机器学习算法能够分析生产数据，预测设备故障，提前维护防生产中断。

服务业：智能服务优化用户体验

服务业借助人工智能，在多方面取得成果。电商等行业的智能客服快速答疑，提升满意度；依用户兴趣实现个性化精准推送，增强营销效果；智能运营管理系统可以监测分析业务数据，优化流程，提高运营效率。

第 8 章 前沿探索，DeepSeek 的未来应用拓展

8.2 DeepSeek 在新兴领域的应用潜力

某金融公司的小 G，面对 DeepSeek 在金融领域的革新，始终持怀疑态度。在投资决策时，他拒绝运用 DeepSeek 分析全球金融数据，仍按老经验挑选投资项目，导致投资组合收益不佳。在风险评估工作中，他忽视 DeepSeek 对交易行为的精准分析，无法及时察觉潜在风险，使公司遭受损失。反观同事借助 DeepSeek，精准评估风险、合理规划投资，为客户提供优质服务。小 G 在这场金融科技变革中逐渐掉队，错失提升业务水平与客户满意度的机遇。

当技术革命与产业变革的浪潮相互激荡，进入协同共进的共振周期时，语言智能不再仅仅局限于作为简单的沟通工具，而是逐渐演变成为能够重塑人类认知的关键要素，宛如人类思维的"数字神经"，为认知世界提供了全新的维度和方式。

DeepSeek 公司敏锐地捕捉到这一趋势，通过精心构建多模态认知架构，将多种模态的信息进行整合与理解，从而在技术发展的关键节点上，有力地推动了新兴领域的范式突破，为行业发展带来了新的契机和方向。

智能医疗创新突破

DeepSeek 能深度学习医学影像，助力癌症早期筛查，实现精准诊断。

> 超级助理

在药物研发时过程中，借大数据筛选靶点，缩短周期、降低成本。还可依据患者综合数据，构建智能医疗助手，提供个性化诊疗方案。

金融科技深度赋能

在金融领域，DeepSeek 实时监测全球金融数据，精准评估风险。其可以分析交易行为，识别欺诈，保障资金安全。根据投资者个人信息，量身定制投资组合，提供专业投资建议。

智慧教育全面革新

DeepSeek 深度分析学生学习数据，定制专属学习计划，精准攻克薄弱点。结合 VR、AR 打造逼真学习场景，提升学习积极性。还能用于在线智能辅导，实现个性化、高效教育。

智能制造业转型升级

在智能工厂中，DeepSeek 可以分析设备与生产数据，预测故障，优化流程，合理配送零部件。利用图像识别系统检测产品质量，辅助产品设计，提升生产效率与企业竞争力。

智慧城市建设优化

DeepSeek 可以整合交通数据，优化信号灯配时，缓解拥堵。可以分析能源消耗，预测需求，合理分配资源。其借助视频监控系统监测异常，预警城市安全问题，打造便捷安全的生活环境。

第 8 章 前沿探索，DeepSeek 的未来应用拓展

8.3 自定义功能开发：满足个性化需求

职场人小 B 面对 DeepSeek 提供的强大自定义功能，却无动于衷。在工作中，他从不利用 DeepSeek 依据工作习惯自定义任务分类、设置优先级，工作任务常常混乱无序、进度滞后。文档处理过程中，他也不懂定制偏好，效率低下。休闲时，不添加娱乐兴趣标签，错过大量心仪内容。而同事巧用这些功能，工作高效，生活惬意，小 B 却在便捷技术浪潮中愈发疲惫，错失提升自我的机会。

在技术普惠化的时代浪潮下，个性化需求的角色发生了重大转变，它不再仅仅是市场细分的一个维度，而是逐渐成为推动技术进化的核心力量。这一转变促使企业和开发者更加关注用户的个性化需求，将其作为技术创新和发展的重要导向。

DeepSeek 敏锐地捕捉到了这一趋势，通过精心构建"用户需求—技术能力—场景价值"的动态响应体系，对 AI 系统的适应性边界进行了重新定义。该体系能够根据不同用户的需求、现有的技术能力以及具体的应用场景价值，灵活地调整和优化 AI 系统的功能和性能，使其更好地满足多样化的用户需求，适应复杂多变的应用场景。

语言学习定制

在自主设置学习目标后，DeepSeek 依据目标与现有水平生成学习路

径，如雅思备考流程；还能按兴趣筛资料，设复习提醒。像对科技感兴趣的英语学习者，能定制科技类素材，依记忆规律定时复习。

创意内容创作辅助

创作者可输入风格偏好，DeepSeek 提供对应词汇、思路。我们也可以自定义故事等元素，获取灵感与范例。还能标记进度节点，平台从多方面给出反馈，助创作者提升质量。

健康管理个性化

用户按健康状况自定义指标，DeepSeek 实时跟踪并分析。我们输入身体信息、目标及作息饮食偏好，平台定制运动饮食计划。还能设置健康事件提醒与指标预警，保障我们的身体健康。

工作效率优化

依据工作习惯自定义任务分类，设置优先等级，平台直观展示并提醒进度。我们还可以定制文档处理偏好和常用模板，团队能选定沟通协作工具及消息提醒规则，从而提升效率。

娱乐内容推荐个性化

用户添加娱乐兴趣标签，DeepSeek 精准推送内容。我们可以设定筛选条件，如选电影时限定年代、评分等；还可创建个性化播放列表，持续编辑调整，适配不同场景。

第 8 章　前沿探索，DeepSeek 的未来应用拓展

8.4 与物联网设备的协同应用

养老院院长 C 老起初对 DeepSeek 与物联网设备协同变革持抵触态度，拒绝引入智能床垫、穿戴设备及环境监测设备，导致老人健康监测不到位，环境调节不及时。但看到其他养老院借助 DeepSeek 实现对老人的全方位守护，老人满意度高且入住率上升后，C 老决定改变。他开始积极引入相关设备，利用 DeepSeek 分析数据，实时监测老人健康和环境状况，提升服务质量，逐渐提高了养老院的入住率。

当万物互联的发展踏入认知增强的崭新时代，AI 与 IoT 的协同合作不再局限于单纯的数据交互，而是进一步深化，逐渐成为"环境智能"的核心关键所在。DeepSeek 公司敏锐地把握这一趋势，通过精心构建多模态感知与决策闭环系统，对智能终端的认知维度进行了全新的界定和拓展。

智能养老全方位守护

DeepSeek 与物联网设备联动，共同守护老人。智能床垫可监测睡眠与健康，发现异常及时预警通知。智能穿戴设备可实时定位老人，并在老人跌倒时报警。环境监测设备自动调控温湿度，保障老人生活安全舒适。

智能零售个性化服务

在零售场景下，DeepSeek 连接店内设备，可分析顾客行为，掌握偏好，精准推荐商品。借助库存传感器监控库存，不足时自动补货，优化商品供应链，提升购物体验。

智能环保实时监测治理

DeepSeek 可协同环境监测设备，连接各类传感器采集数据，精准判断污染并预警。根据检测情况及处理结果，智能调控环保设备，实现高效精准治理生态环境。

智能教育沉浸式学习体验

在教育领域，DeepSeek 联合多种设备打造沉浸学习环境。通过智能手环数据调整教学节奏，智能课桌可监测课堂表现，助力提升教学效果。

智能物流高效配送

在物流中，DeepSeek 借助车载、仓库等设备追踪货物与库存。用智能算法规划路线，综合多种因素，合理安排任务，依货物情况调整仓储布局，实现高效配送。

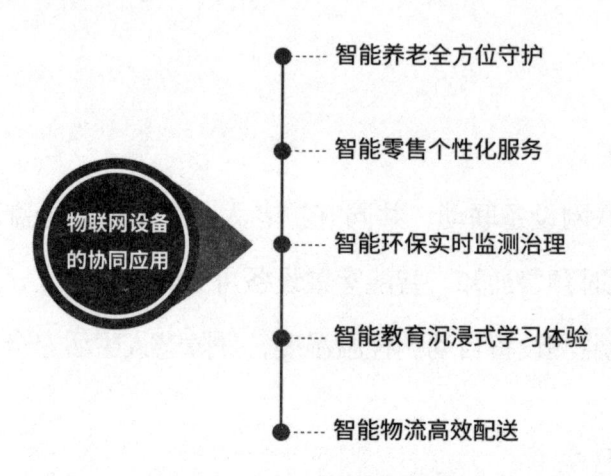

图 8-2 人工智能与物联网设备的协同应用

第 8 章 前沿探索，DeepSeek 的未来应用拓展

8.5 与 Manus 等新兴软件的交互与集成

某设计公司的设计师小 D，对 DeepSeek 与 Manus 的协同应用没有深入了解。在设计项目中，他拒绝借助 DeepSeek 理解创意意图，仅靠自身经验在 Manus 上勾勒草图，导致设计元素陈旧、色彩搭配不佳。设计过程中，也不利用 DeepSeek 分析合理性，作品问题频出。而同事借助二者协作，高效产出优质设计，小 D 的方案常被客户驳回，在竞争中逐渐处于劣势。

在数字工具广泛普及的时代，软件之间的认知协同模式发生了深刻变化，已从过去单纯的接口对接形式，逐渐演变为更加高级的"智能生态共生"模式。在这一发展过程中，DeepSeek 发挥了重要作用，它通过精心构建开放认知架构，对企业级应用的智能基座进行了重新塑造，为企业级应用的发展提供了新的思路和方向。

医疗模拟与远程诊断

在医疗领域，DeepSeek 与 Manus 交互。Manus 构建患者三维身体模型，DeepSeek 依海量医疗数据模拟疾病，精准定位病症，如脑部疾病诊断。二者集成可助力远程医疗，医生借助分析结果与模型，提升诊断准确性与沟通效率。

超级助理

创意设计智能协作

在设计行业中，DeepSeek 与 Manus 携手打主动创意设计。设计师在 Manus 勾勒草图，DeepSeek 理解创意意图，推荐元素、色彩方案与案例。设计时，DeepSeek 实时分析合理性，与 Manus 交互反馈，提升设计质量与效率。

个性化教育定制

在教育场景下，DeepSeek 与 Manus 将实现集成。Manus 打造虚拟学习场景，DeepSeek 依据学生学习数据，在场景中智能调整内容与节奏。如学生对古代战争感兴趣，便增加相关互动，因材施教提升学习效果。

商业决策智能支持

在商业领域里，DeepSeek 和 Manus 实现智能交互。Manus 整合企业内外部数据，构建可视化模型，DeepSeek 挖掘数据预测市场走向等。例如分析销售数据，预测产品需求，助力企业制定策略、优化库存，提升竞争力。

沉浸式娱乐体验升级

在娱乐产业中，DeepSeek 与 Manus 协力推动体验升级。Manus 打造 VR、AR 娱乐场景，DeepSeek 依用户行为数据实时调整内容。以 VR 游戏为例，可协力分析玩家战斗风格等，生成趣味关卡任务，提升娱乐体验。